21世纪普通高校计算机
公共课程规划教材

C语言程序设计
学习指导（第2版）

◎ 韦娜 袁玲 王俊 吴文红 卢江 马婕 编著

清华大学出版社
北京

内 容 简 介

本书是《C语言程序设计(第2版)》(ISBN 9787302518600,清华大学出版社)的配套指导教材。本书由习题及参考答案、Code∷Blocks集成开发环境的使用与调试方法简介、上机实验,以及程序设计练习与测试四部分组成。读者可以通过习题巩固主教材各个章节的知识点,通过上机实验循序渐进地理解和掌握程序设计的思想方法及程序的调试方法。

本书实用性强,可作为高等学校"C语言程序设计"课程的配套教材,也可作为C语言程序设计爱好者的自学辅导用书。

图书在版编目(CIP)数据

C语言程序设计学习指导/韦娜等编著. —2版. —北京:清华大学出版社,2019.12(2025.3重印)
21世纪普通高校计算机公共课程规划教材
ISBN 978-7-302-54294-0

Ⅰ.①C… Ⅱ.①韦… Ⅲ.①C语言—程序设计—高等学校—教材 Ⅳ.①TP312.8

中国版本图书馆CIP数据核字(2019)第271728号

责任编辑:付弘宇
封面设计:刘 键
责任校对:焦丽丽
责任印制:丛怀宇

出版发行:清华大学出版社
　　　　　网　　　址:https://www.tup.com.cn,https://www.wqxuetang.com
　　　　　地　　　址:北京清华大学学研大厦A座　　　邮　　编:100084
　　　　　社 总 机:010-83470000　　　　　　　　　邮　　购:010-62786544
　　　　　投稿与读者服务:010-62776969,c-service@tup.tsinghua.edu.cn
　　　　　质量反馈:010-62772015,zhiliang@tup.tsinghua.edu.cn
　　　　　课件下载:https://www.tup.com.cn,010-83470236
印 装 者:三河市龙大印装有限公司
经　　销:全国新华书店
开　　本:185mm×260mm　　印　张:9.75　　　　　字　　数:238千字
版　　次:2017年1月第1版　2019年12月第2版　　印　　次:2025年3月第6次印刷
印　　数:7501～8000
定　　价:29.00元

产品编号:086404-02

出 版 说 明

随着我国改革开放的进一步深化,高等教育也得到了快速发展,各地高校紧密结合地方经济建设发展需要,科学运用市场调节机制,加大了使用信息科学等现代科学技术提升、改造传统学科专业的投入力度,通过教育改革合理调整和配置了教育资源,优化了传统学科专业,积极为地方经济建设输送人才,为我国经济社会的快速、健康和可持续发展以及高等教育自身的改革发展做出了巨大贡献。但是,高等教育质量还需要进一步提高以适应经济社会发展的需要,不少高校的专业设置和结构不尽合理,教师队伍整体素质亟待提高,人才培养模式、教学内容和方法需要进一步转变,学生的实践能力和创新精神亟待加强。

教育部一直十分重视高等教育质量工作。2007年1月,教育部下发了《关于实施高等学校本科教学质量与教学改革工程的意见》,计划实施"高等学校本科教学质量与教学改革工程(简称'质量工程')",通过专业结构调整、课程教材建设、实践教学改革、教学团队建设等多项内容,进一步深化高等学校教学改革,提高人才培养的能力和水平,更好地满足经济社会发展对高素质人才的需要。在贯彻和落实教育部"质量工程"的过程中,各地高校发挥师资力量强、办学经验丰富、教学资源充裕等优势,对其特色专业及特色课程(群)加以规划、整理和总结,更新教学内容、改革课程体系,建设了一大批内容新、体系新、方法新、手段新的特色课程。在此基础上,经教育部相关教学指导委员会专家的指导和建议,清华大学出版社在多个领域精选各高校的特色课程,分别规划出版系列教材,以配合"质量工程"的实施,满足各高校教学质量和教学改革的需要。

本系列教材立足于计算机公共课程领域,以公共基础课为主、专业基础课为辅,横向满足高校多层次教学的需要。在规划过程中体现了如下一些基本原则和特点。

(1) 面向多层次、多学科专业,强调计算机在各专业中的应用。教材内容坚持基本理论适度,反映各层次对基本理论和原理的需求,同时加强实践和应用环节。

(2) 反映教学需要,促进教学发展。教材要适应多样化的教学需要,正确把握教学内容和课程体系的改革方向,在选择教材内容和编写体系时注意体现素质教育、创新能力与实践能力的培养,为学生知识、能力、素质协调发展创造条件。

(3) 实施精品战略,突出重点,保证质量。规划教材把重点放在公共基础课和专业基础课的教材建设上;特别注意选择并安排一部分原来基础比较好的优秀教材或讲义修订再版,逐步形成精品教材;提倡并鼓励编写体现教学质量和教学改革成果的教材。

(4) 主张一纲多本,合理配套。基础课和专业基础课教材配套,同一门课程有针对不同层次、面向不同专业的多本具有各自内容特点的教材。处理好教材统一性与多样化,基本教材与辅助教材、教学参考书,文字教材与软件教材的关系,实现教材系列资源配套。

(5) 依靠专家,择优选用。在制定教材规划时要依靠各课程专家在调查研究本课程教材建设现状的基础上提出规划选题。在落实主编人选时，要引入竞争机制，通过申报、评审确定主题。书稿完成后要认真实行审稿程序，确保出书质量。

　　繁荣教材出版事业，提高教材质量的关键是教师。建立一支高水平教材编写梯队才能保证教材的编写质量和建设力度，希望有志于教材建设的教师能够加入到我们的编写队伍中来。

21世纪普通高校计算机公共课程规划教材编委会

联系人：魏江江 weijj@tup.tsinghua.edu.cn

前　言

新一轮科技革命和产业变革带动了传统产业的升级改造。党的二十大报告强调"必须坚持科技是第一生产力、人才是第一资源、创新是第一动力,深入实施科教兴国战略、人才强国战略、创新驱动发展战略,开辟发展新领域新赛道,不断塑造发展新动能新优势"。建设高质量高等教育体系是摆在高等教育面前的重大历史使命和政治责任。高等教育要坚持国家战略引领,聚焦重大需求布局,推进新工科、新医科、新农科、新文科建设,加快培养紧缺型人才。

"C语言程序设计"课程是大学计算机基础教育的核心课程,是培养学生计算思维能力的重要载体。通过该课程的学习,学生可在实践中逐步掌握程序设计的思想和方法。编写本书的目的是辅导学生巩固主教材所学知识,加强上机实践。使得教学过程中更加注重对学生学习的考查,将"教与学""学与练"更好地结合起来。

本书是《C语言程序设计(第2版)》(韦娜、王俊等编著,清华大学出版社出版,ISBN 9787302518600)的配套实验指导教材。内容包括以下四部分。

第1章　习题及参考答案。本章是根据主教材各章内容设计的习题以及参考答案,并附有两套模拟练习,可以帮助学生更好地掌握各章的重点与难点。本章1.1~1.11节分别对应主教材的第1~11章。

第2章　Code::Blocks集成开发环境的使用与调试方法简介。

第3章　上机实验。实验的题目类型有改错、验证程序结果、编程等,旨在帮助学生掌握语法规则及理论知识,同时加强编程实践。可在课内实验课时选用。每个实验包括实验目的和实验内容两部分。

第4章　程序设计练习与测试。

本次改版是基于教学实践反馈,结合主教材的改版,在第1版基础上进行的。在保持第1版基本内容的基础上,第1部分和第3部分对部分习题做了增加、删除或修改;第2部分补充了程序常见错误分析;第4部分对部分习题做了增加、删除或修改,并将课堂练习与课后练习合并。

本书实用性强,可作为高等学校"C语言程序设计"课程的实验教材,也可作为C语言程序设计的自学用书。

本书1.1、1.2节由马婕编写;1.3、1.10、1.12、1.13节,实验1、8及练习1、8由袁玲编写;1.4、1.5节,第2章,实验2、3、10及练习2、3由韦娜编写;1.6、1.7节,实验4、5及练习4、5由吴文红编写;1.8、1.9节,实验6、7及练习6、7由王俊编写;1.11节、实验9与练习9由卢江编写。全书由韦娜负责统稿。

清华大学出版社为本书的策划和出版做了大量工作,在此表示衷心感谢。

由于编者水平有限,书中难免有疏漏之处,恳请广大读者批评指正。对于相关问题,请联系本书责任编辑 404905510@qq.com。

编　者

2019 年 9 月

目 录

第1章 习题及参考答案

1.1 程序设计概述习题及参考答案

1.1.1 习题

一、单项选择题

1. 结构化程序设计的基本原则不包括_____。
   A. 继承   B. 自顶向下   C. 模块化   D. 逐步求精

2. 以下不属于算法基本特征的是_____。
   A. 有穷性   B. 有效性
   C. 可靠性   D. 有一个或多个输出

3. N-S 图与传统流程图比较,其主要优点是_____。
   A. 杜绝了程序的无条件转移   B. 具有顺序、选择和循环三种基本结构
   C. 简单、直观   D. 有利于编写程序

4. 以下说法中错误的是_____。
   A. 一个 C 程序可以由一个或多个函数构成
   B. 一个 C 程序必须有而且只能有一个 main 函数
   C. 在计算机上编辑 C 程序时,每行只能写一条语句
   D. 主函数是程序启动时唯一的入口

5. 结构化程序设计的三种基本结构是_____。
   A. 数组、结构、指针   B. 结构、指针、函数
   C. 顺序、选择、循环   D. 函数调用、条件控制

6. 下列叙述中错误的是_____。
   A. C 语言语句最后都必须有一个分号
   B. C 程序书写格式自由,语句可以从任一列开始书写,一行内可以写多个语句
   C. C 语言书写时不区分大小写字母
   D. C 语言本身没有输入/输出语句

7. 要把高级语言编写的源程序转换为目标程序,需要使用_____。
   A. 编辑程序   B. 驱动程序   C. 诊断程序   D. 编译程序

8. C 语言程序从_____开始执行。
   A. 程序中第一条可执行语句   B. 程序中第一个函数
   C. 程序中的 main 函数   D. 包含文件中的第一个函数

9. 计算机能直接执行的程序是_____。

    A. 源程序   B. 目标程序   C. 汇编程序   D. 可执行程序

10. 以下叙述正确的是_____。

    A. C程序中一条语句必须在一行内写完

    B. C程序中的每一行只能写一条语句

    C. C程序中的注释必须与语句写在同一行

    D. 简单C语句必须以分号结束

11. 下列叙述中正确的是_____。

    A. 用C程序实现的算法必须要有输入与输出的操作

    B. 用C程序实现的算法可以没有输入,但必须要有输出

    C. 用C程序实现的算法可以没有输出,但必须要有输入

    D. 用C程序实现的算法可以既没有输入,也没有输出

12. 以下说法错误的是_____。

    A. 由三种基本结构组成的结构化程序不能解决过于复杂的问题

    B. 由三种基本结构组成的结构化程序能解决一些简单的问题

    C. 由三种基本结构组成的结构化程序能解决递归问题

    D. 由三种基本结构组成的结构化程序能解决数学上有解析解的问题

二、填空题

1. 在流程图符号中,判断框中应该填写的是____①____。

2. 可以被连续执行的指令集合称为计算机的____①____。

3. 算法的____①____特征是指:一个算法必须在执行有限个操作步骤后终止。

4. 算法是____①____。

5. C源程序的基本单位是____①____。

6. 一个C源程序中至少应包括一个____①____。

7. 在C语言中,格式输入操作是由库函数____①____完成的,格式输出操作是由库函数____②____完成的。

8. C语言程序中每个语句和数据声明最后都以____①____结束。

9. C语言源程序的扩展名是____①____,经编译生成的文件的扩展名是____②____,连接后生成的文件的扩展名是____③____。

10. 在C语言中,使用输入/输出函数要包含的头文件是____①____。

11. 算法的5个特性为有穷性、____①____、____②____、____③____和有效性。

12. 在一个C源程序中,注释的分界符分别为____①____。

13. 上机运行一个C程序,要经过____①____4个步骤。

三、用流程图表示以下求解算法

1. 输入三个数,输出最小数。

2. 计算以下公式的累加和:

$$1+\frac{1}{2}+\frac{1}{3}+\frac{1}{4}+\cdots+\frac{1}{99}+\frac{1}{100}$$

3. 输入一个整数,判断这个整数是几位数。

1.1.2 参考答案

一、单项选择题

1. A　　2. C　　3. A　　4. C　　5. C　　6. C　　7. D　　8. C　　9. D

10. D　　11. B　　12. A

二、填空题

1. ① 条件

2. ① 程序

3. ① 有穷性

4. ① 解决问题的方法和步骤

5. ① 函数

6. ① main 函数

7. ① scanf()　　　　② printf()

8. ① 分号

9. ① cpp　　　　② obj　　　　③ exe

10. ① stdio. h

11. ① 确定性　　　　② 输入　　　　③ 输出

12. ① /＊和＊/

13. ① 编辑、编译、连接和运行

三、用流程图表示以下求解算法

1. 算法流程图见图 1-1。

2. 算法流程图见图 1-2。

3. 算法流程图见图 1-3。

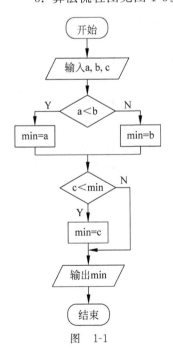

图　1-1

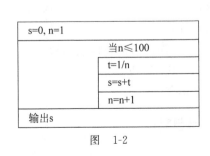

图　1-2

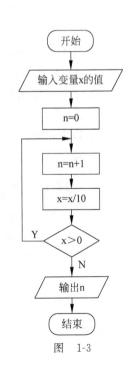

图　1-3

1.2　数据类型与表达式习题及参考答案

1.2.1　习题

一、单项选择题

1. 以下能正确地定义整型变量 a、b 和 c 并为它们赋初值 5 的语句是_____。
   A. int a＝b＝c＝5;　　　　　　　　B. int a,b,c＝5;
   C. a＝5,b＝5,c＝5;　　　　　　　　D. int a＝5,b＝5,c＝5;

2. 若变量已正确定义并赋值,下面符合 C 语言语法的表达式是_____。
   A. a:＝b+1　　　B. a＝b＝c+2　　　C. int 18.5%3　　　D. a＝a+7＝c+b

3. C 语言中运算对象必须是整型的运算符是_____。
   A. %＝　　　　　　B. /　　　　　　　C. ＝　　　　　　D. <＝

4. 若有以下程序段：

```
int c1 = 1,c2 = 2,c3;
c3 = 1.0/c2 * c1;
```

则执行后,c3 中的值是_____。
   A. 0　　　　　　B. 0.5　　　　　　C. 1　　　　　　D. 2

5. 下列常数中不能作为 C 的常量的是_____。
   A. 0xA5　　　　B. 2.5e-2　　　　C. 3e2　　　　　D. 0582

6. 下列可用作 C 语言用户标识符的一组是_____。
   A. void, define, WORD　　　　　　B. a3_3,_123,Car
   C. For, -abc, IF Case　　　　　　D. 2a, DO, sizeof

7. 在 C 语言中,数字 029 是一个_____。
   A. 八进制数　　　B. 十六进制数　　　C. 十进制数　　　D. 非法数

8. 下列可以正确表示字符型常数的是_____。
   A. "a"　　　　　B. 't'　　　　　　C. "\n"　　　　　D. 297

9. 以下错误的转义字符是_____。
   A. '\\'　　　　　B. '\''　　　　　C. '\81'　　　　D. '\0'

10. 若有代数式 $\dfrac{3ad}{bc}$,不正确的 C 语言表达式是_____。
    A. 3*a*d/b*c　　　　　　　　　　B. 3*a*d/b/c
    C. (3*a*d)/(b*c)　　　　　　　　D. 3*a*d/(b*c)

11. 下列数中,_____是浮点数的正确表示形式。
    A. 223　　　　　B. 719E22　　　　C. e32　　　　　D. 15e3.0

12. 设有以下变量定义语句：

```
char w; int x; float y; double z;
```

则表达式"w＊x＋z－y"的结果类型为_____类型。

  A. float   B. char   C. int   D. double

13. 数据在内存中是以_____形式存放的。

  A. 二进制   B. 八进制   C. 十进制   D. 十六进制

14. 设 x,y,i,j 均为整型变量,且"x＝10,y＝3",则执行"i＝x－－;j＝－－y;"语句后 i 和 j 的值是_____。

  A. 10,3   B. 9,3   C. 9,2   D. 10,2

15. 已知字母 A 的 ACSII 码为十进制数 65,且 c2 为字符型,则执行语句"c2='A'＋'6'－'3';"后,c2 的值是_____。

  A. C   B. D   C. E   D. F

16. 以下各项中值最大的是_____。

  A. sizeof(int) B. sizeof(char) C. sizeof(double) D. sizeof(long)

17. 若 a 为 int 类型,且其值为 5,则执行完表达式"a＋＝a－＝a＊a"后,a 的值是_____。

  A. －5   B. 100   C. －40   D. 10

18. 设有整型变量 x＝1,y＝3,经下列计算后,x 的值不等于 6 的是_____。

  A. x＝(x＋＝1)＊y   B. x＝y％5/2＊6

  C. x＝9－(－－y)－(＋＋x) D. x＝y＊4.2/2

19. 设 a 和 b 均为 double 型变量,且"a＝5.5;b＝2.5;",则表达式"(int)a＋b/b"的值是_____。

  A. 6.500000 B. 6   C. 5.500000 D. 6.000000

20. 若有定义"int y＝7,x＝12;",则以下表达式的值为 3 的是_____。

  A. x％＝(y％＝5)   B. x％＝(y－y％5)

  C. x％＝y－y％5   D. (x％＝y)－(y％＝5)

21. 若有代数式 $\sqrt{|y^x+\log_{10}y|}$,则正确的 C 语言表达式是_____。

  A. sqrt(fabs(pow(y,x)＋log(y))) B. sqrt(fabs(pow(x,y)＋log(y)))

  C. sqrt(abs(pow(y,x)＋log(y))) D. sqrt(abs(pow(x,y)＋log(y)))

22. sizeof(float)是_____。

  A. 一个双精度表达式   B. 一个整型表达式

  C. 一个函数调用   D. 一个不合法的表达式

23. 字符串"\t\"Name\\Address\n"的长度为_____。

  A. 19   B. 15   C. 18   D. 不合法

二、填空题

1. 字符型数据在计算机中是以 ① 形式表示的。

2. 'x'在内存中占 ① 字节,"x"在内存中占 ② 字节,"\101"在内存中占 ③ 字节。

3. C 语言中的标识符只能由字母、 ① 和 ② 3 种字符组成,且第一个字符必须为 ③ 。

4. 已知有 a,b 两个数,执行"x＝b;b＝a;a＝x;"语句后,执行的效果是 ① 。

5. ++和--运算符只能用于____①____,不能用于常量或表达式。++和--的结合方向是____②____。

6. 与数学表达式 $\dfrac{3x^n}{5\sqrt{x}}$ 对应的C语言表达式是____①____。

7. C语言的字符常量是用____①____括起来的____②____字符,字符串常量是用____③____括起来的字符序列。

8. 在C语言中,八进制整常量以____①____开头,十六进制整常量以____②____开头。

9. 计算下列表达式的值:

5/3=____①____   5%3=____②____   1/4=____③____   1.0/4=____④____

10. C语言中有两种类型转换,一种是在运算时不必用户指定、系统自动进行的类型转换;另一种是____①____。

1.2.2　参考答案

一、单项选择题

1. D   2. B   3. A   4. A   5. D   6. B   7. D   8. B   9. C
10. A   11. B   12. D   13. A   14. D   15. B   16. C   17. C   18. C
19. D   20. D   21. A   22. B   23. B

二、填空题

1. ① ASCII 码

2. ① 1   ② 2   ③ 2

3. ① 数字   ② 下画线   ③ 字母或下画线

4. ① 交换 a 和 b 的值

5. ① 变量   ② 右结合或右结合性

6. ① 3 * pow(x,n)/(5 * sqrt(x))

7. ① 单引号   ② 单个   ③ 双引号

8. ① 0   ② 0x 或 0X

9. ① 1   ② 2   ③ 0   ④ 0.25

10. ① 强制类型转换

1.3　顺序结构程序设计习题及参考答案

1.3.1　习题

一、单项选择题

1. 以下程序段的输出结果是_____(说明:本书中⌴代表一个空格)。

```
int a = 12,b = 12345; printf(" % 3d, % 3d",a,b);
```

  A. ⌴12,123   B. ⌴12,12345   C. ⌴12⌴123   D. 12,12345

2. 若有定义"int x,y;",正确的输入函数调用为_____。

  A. scanf("%d,%d", x,y);   B. scanf(%d,%d, & x, & y);

C. scanf("%d,%d, &x,&y");　　　　　D. scanf("%d,%d", &x,&y);

3. 若有定义"double x,y;",正确的输入函数调用为_____。

　　A. scanf("%d,%d", x, y);　　　　　B. scanf("%f%f", &x, &y);

　　C. scanf("%lf%lf", &x, &y);　　　　D. scanf("%lf,%lf," &x, &y);

4. 以下程序段的输出结果是_____。

```
int i = 010, j = 10, k = 0x10;
printf("%d, %d, %d \n", i, j, k);
```

　　A. 8,10,16　　　　B. 8,10,10　　　　C. 10,10,10　　　　D. 10,10,16

5. 以下正确的输出函数调用是_____。

　　A. printf("%c\n",'c');　　　　　　B. printf("%c\n",'Monday');

　　C. printf("%c\n","Monday");　　　　D. printf("%s\n",'c');

6. 若输出 9.375%,正确的函数调用是_____。

　　A. printf("%.3f\n",9.375);　　　　　B. printf("%.3f%%\n",9.375);

　　C. printf("%%.3f\n",9.375);　　　　　D. printf("%.3%f\n",9.375);

7. 以下程序段的输出结果是_____。

```
char ch; int k;
ch = 'a'; k = 12;
printf("%c, %d, k = %d\n", ch, ch, k);
```

　　A. 变量类型与格式说明符的类型不匹配,输出无定值

　　B. 输出项与格式说明符个数不符,输出为零值或不定值

　　C. a,97,12

　　D. a,97,k=12

8. 若有语句

```
int x,y;
scanf("%d, %d", &x, &y);
```

正确的数据输入方法是_____(说明:本书中↙代表回车,即在键盘按 Enter 键)。

　　A. 3,4↙　　　　B. 3 ⌴4↙　　　　C. x=3,y=4↙　　　　D. 34↙

9. 若有语句

```
double f1,f2,f3; scanf("%3lf %3lf %3lf", &f1, &f2, &f3);
```

不正确的数据输入方法是_____。

　　A. 123 456 789↙　　　　　　　　　B. 123 ⌴456 ⌴789↙

　　C. 123,456,789↙　　　　　　　　　D. 123↙456↙789↙

10. 有如下程序段,若要求 x1、x2、c1、c2 的值分别为 10、20、A、B,正确的数据输入

是_____。

```
int x1,x2; char c1,c2;
scanf("%d %d", &x1, &x2);
scanf("%c %c", &c1, &c2);
```

A. 1020abAB↙   B. 10␣20␣ABC↙

C. 10␣20↙AB↙   D. 10␣20AB↙

11. 若有定义

int a; float b; double c;

程序运行时输入

3␣4␣5↙

则正确的函数调用是_____。

  A. scanf("%d%f%lf",&a,&b,&c); B. scanf("%d%lf%lf",&a,&b,&c);

  C. scanf("%d%f%f",&a,&b,&c); D. scanf("%lf%lf%lf",&a,&b,&c);

12. 若有语句

int i; float f;
scanf("i=%d,f=%f",&i,&f);

为了把100和765.12分别赋给i和f,正确的输入是_____。

  A. 100␣765.12↙   B. i=100,f=765.12↙

  C. 100↙765.12↙   D. i=100↙f=765.12↙

13. 有程序段

int x; float y; char c;
scanf("%2d%f%c",&x,&y,&c);

当执行上述程序段,从键盘输入55 566␣7777abc后,y的值是_____。

  A. 55 566.000 000   B. 566.000 000

  C. 7777.000 000   D. 5 667 777.000 000

14. 以下能正确地定义整型变量a、b和c并为它们赋初值5的语句是_____。

  A. int a=b=c=5;   B. int a,b,c=5;

  C. a=5,b=5,c=5;   D. int a=5,b=5,c=5;

15. 有以下程序段,若从键盘输入AB,程序的输出结果是_____。

char c; scanf("%c",&c);
putchar(getchar()); putchar(c);

  A. A␣B   B. AB   C. BA   D. B␣A

16. 以下程序段的输出结果是_____。

char c1 = 'b', c2 = 'e';
printf("%d,%c\n",c2 - c1,c2 - 'a' + 'A');

  A. 2,M

  B. 3,E

  C. 2,E

  D. 输出项与相应的格式控制不一致,输出结果不确定

17. 以下程序段的输出结果是_____。

```
float a = 57.666;
printf(" * %4.2f * \n", a);
```

    A. * 57 *   B. * 58 *   C. * 57.66 *   D. * 57.67 *

18. 有以下程序段：

```
char a,b,c,d;
scanf("%c%c",&a,&b);
c = getchar(); d = getchar();
printf("%c%c%c%c\n",a,b,c,d);
```

当执行程序时,按下列方式输入数据:

12↙
34↙

则输出结果是_____。

    A. 1234   B. 12   C. 12   D. 12
                             34   3

19. 以下程序段的输出结果是_____。

```
int a = 1,b = 0;
printf("%d,",b = a + b);
printf("%d\n",a = 2 * b);
```

    A. 0,0   B. 1,0   C. 3,2   D. 1,2

二、读程序,写结果

1. 以下程序的输出结果是_____。

```c
#include<stdio.h>
int main(void)
{
    int a = 5,b = 7;
    float x = 67.8564,y = -789.125;
    char c = 'A';
    printf("%d,%d\n%3d,%3d\n",a,b,a,b);
    printf("%3f,%.3f\n%10.2f,%-10.2f\n%e,%10.2e\n",x,y,x,y,x,y);
    printf("%c,%d\n",c,c);
    return 0;
}
```

2. 以下程序的输出结果是_____。

```c
#include<stdio.h>
int main(void)
{
    int i,j,m,n;
    i = 8;j = 10;
    m = ++i; n = j++;
    printf("%d,%d,%d,%d",i,j,m,n);
```

```
    return 0;
}
```

3. 以下程序的输出结果是_____。

```
#include<stdio.h>
int main(void)
{
    int x; float y=3.5;
    x=(int)y/6;
    printf("x=%d,y=%f\n",x,y);
    return 0;
}
```

4. 有以下程序：

```
#include<stdio.h>
int main(void)
{
    int x;char y;float z;
    scanf("%d%c%f",&x,&y,&z);
    printf("x=%d,y=%c,z=%f\n",x,y,z);
    return 0;
}
```

程序运行后,若从键盘输入

123c321o.56↙

则输出结果是_____。

三、编程题

1. 从键盘输入三个整数,分别赋给变量 a,b,c,求它们的平均值。

2. 加密数据。加密规则为：将 5 个字母组成的单词中的每个字母变成字母表中其后（不改变大小写）的第 4 个,再交换第 1 个字母与第 5 个字母。

3. 编写一个程序,以年月日（yyyymmdd）的格式接受用户输入的日期信息,并以月/日/年（mm/dd/yyyy）的格式将其显示出来。

4. 输入存款金额 money、存期 year 和年利率 rate,采用定期一年、到期本息自动转存方式,根据公式计算存款到期时的本息合计 sum（税前）,输出时保留 2 位小数（提示：计算公式如下：

$$sum = money(1 + rate)^{year}$$

使用标准 C 库函数 $pow(x,y)$ 计算 x^y）。

1.3.2 参考答案

一、单项选择题

1. B   2. D   3. C   4. A   5. A   6. B   7. D   8. A   9. C
10. D   11. A   12. B   13. B   14. D   15. C   16. B   17. D   18. C
19. D

二、读程序,写结果

1. 5,7

　　5,　　7

67.856 400,−789.125

　　　　　67.86,−789.13　　

6.785 640e+001,−7.89e+002

A,65

2. 9,11,9,10

3. x=0,y=3.500 000

4. x=123,y=c,z=321.000 000

三、编程题

1. 参考程序

```
#include<stdio.h>
int main(void)
{
    int a,b,c,sum=0;
    float ave=0.0;
    scanf("%d%d%d",&a,&b,&c);
    sum=a+b+c;
    ave=sum/3.0;
    printf("average of %d, %d and %d is %.2f\n",a,b,c,ave);
    return 0;
}
```

2. 参考程序

```
#include<stdio.h>
int main(void)
{
    char c1,c2,c3,c4,c5,t;
    c1=getchar()+4; c2=getchar()+4; c3=getchar()+4;
    c4=getchar()+4; c5=getchar()+4;
    t=c1; c1=c5; c5=t;
    printf("%c%c%c%c%c\n",c1,c2,c3,c4,c5);
    return 0;
}
```

3. 参考程序

```
#include<stdio.h>
int main(void)
{
    int yy,mm,dd;
    printf("Enter a date(yyyymmdd):\n");
    scanf("%4d%2d%2d",&yy,&mm,&dd);
    printf("You entered the date (mm/dd/yyyy):\n%02d/%02d/%d\n",mm,dd,yy);
    return 0;
}
```

```
        }

    4. 参考程序

    #include < stdio. h >
    #include < math. h >
    int main(void)
    {
        int year;
        float money, rate, sum = 0;
        printf("\nplease input money:");
        scanf(" % f", &money);
        printf("\nplease input year:");
        scanf(" % d", &year);
        printf("\nplease input rate:");
        scanf(" % f", &rate);
        sum = money * pow(1 + rate, year);
        printf("sum = % .2f\n", sum);
        return 0;
    }
```

1.4 选择结构程序设计习题及参考答案

1.4.1 习题

一、单项选择题

1. 能正确表示逻辑关系"a≥10 或 a≤0"的 C 语言表达式是_____。

    A. a>=10 or a<=0   B. a>=0|a<=10

    C. a>=10 && a<=0   D. a>=10 || a<=0

2. 设 a、b、c、d、m、n 均为 int 型变量,且有"a=5,b=6,c=7,d=8,m=2,n=2;",则逻辑表达式"(m=a>b)&&(n=c>d)"运算后,n 的值为_____。

    A. 0   B. 1   C. 2   D. 3

3. 判断字符型变量 x 是否为小写字母的正确表达式是_____。

    A. 'a'<=x<='z'   B. (x>=a)&&(x<=z)

    C. ('a'>=x)||('z'<=x)   D. (x>='a')&&(x<='z')

4. 若已定义 x 和 y 为 double 类型,则表达式"x=2,y=x+3/2"的值是_____。

    A. 3.5   B. 3.0   C. 2.0   D. 1

5. 若变量已正确定义,语句"if(x>y)z=0; else z=1"和_____等价。

    A. z=(x>y)? 1:0   B. z=x>y;

    C. z=x<=y;   D. x<=y? 0:1

6. 若变量已正确定义,有以下程序段:

```
int a = 3, b = 5, c = 7, d;
d = a > b > c;
if(a > b) a = b; c = a;
```

```
if(c!= a) c = b;
printf("%d,%d,%d,%d\n",a,b,c,d);
```

其输出结果是_____。

  A. 程序段有语法错误   B. 3,5,3,0

  C. 3,5,5,1   D. 3,5,7,0

7. 为了避免嵌套的 if-else 语句的二义性,C 语言规定 else 总是_____。

  A. 和之前与其具有相同缩进位置的 if 配对

  B. 和之前与其最近的 if 配对

  C. 和之前与其最近的且未配对的 if 配对

  D. 和之前的第一个 if 配对

8. 若有定义"float x;int a,b;",则正确的 switch 语句是_____。

  A. switch(x)   B. switch(x)

    {case 1.0: printf(" * \n");   {case 1, 2: printf(" * \n");

     case 2.0: printf(" * * \n");}   case 3: printf(" * * \n");}

  C. switch(a + b)   D. switch(a + b);

    {case 1: printf(" * \n");   {case 1: printf(" * \n");

     case 1 + 2: printf(" * * \n");}   case 2: printf(" * * \n");}

9. 若变量已正确定义,下列程序段运行后 x 的值是_____。

```
a = b = c = 0;x = 35;
if(!a) x-- ;
else if(b);
if(c) x = 3;
else x = 4;
```

  A. 3   B. 4   C. 35   D. 34

10. if 语句的基本形式是"if(表达式) 语句",以下关于"表达式"的值的叙述中正确的是_____。

  A. 必须是逻辑值   B. 必须是整数值

  C. 必须是正数   D. 可以是任意合法的数值

11. 对以下程序,正确的选项是_____。

```
# include < stdio.h>
int main(void)
{
    int a = 5,b = 0,c = 0;
    if(a = b + c)
        printf(" *** \n");
    else
        printf(" $ $ $ \n");
    return 0;
}
```

  A. 有语法错,不能通过编译   B. 可以通过编译,但不能通过连接

    C. 输出 * * *　　　　　　　　　　　D. 输出 $$$

12. 以下程序的运行结果是_____。

```c
#include<stdio.h>
int main(void)
{
    int x = -9,y = 5,z = 8;
    if(x < y)
        if(y < 0) z = 0;
        else z += 1;
    printf("%d\n",z);
    return 0;
}
```

    A. 6　　　　　　B. 7　　　　　　C. 8　　　　　　D. 9

13. 设 ch 是 char 型变量,其值为 z,下面表达式的值是_____。

```c
ch = (ch>'A'&&ch<='Z')?(ch+32):ch
```

    A. z　　　　　　B. a　　　　　　C. Z　　　　　　D. A

14. 以下程序段的输出结果是_____。

```c
int a = 2,b = 3,c = 1;
if(a > b)
    if(a > c)
        printf("%d\n",a);
    else
        printf("%d\n",b);
printf("Over!\n");
```

    A. 2　　　　　　B. 3　　　　　　C. Over!　　　　　　D. 4

15. 以下程序的输出结果是_____。

```c
#include<stdio.h>
int main(void)
{
    int x = 10,y = 20,t = 0;
    if(x == y)
        t = x;x = y;y = t;
    printf("%d,%d\n",x,y);
    return 0;
}
```

    A. 20,0　　　　　　B. 10,20　　　　　　C. 20,10　　　　　　D. 0,20

16. 下列条件语句中输出结果与其他语句不同的是_____。

    A. if(a) printf("%d\n",x); else printf("%d\n",y);

    B. if(a == 0) printf("%d\n",y); else printf("%d\n",x);

    C. if(a!= 0) printf("%d\n",x); else printf("%d\n",y);

    D. if(a == 0) printf("%d\n",x); else printf("%d\n",y);

17. 以下选项中与"if(a==1) a=b；else a++；"语句功能不同的 switch 语句是_____。

    A. switch(a)

        {case 1:a = b; break;

        default:a++;   }

    B. switch(a==1)

        {case 0:a = b; break;

        case 1:a++;   }

    C. switch(a)

        {default:a++; break;

        case 1:a = b;   }

    D. switch(a==1)

        {case 1:a = b; break;

        case 0:a++;   }

18. 有以下程序：

```
#include<stdio.h>
int main(void)
{
    int x;
    scanf("%d",&x);
    if(x<=3) ;
    else if(x!=10)
        printf("%d\n",x);
    return 0;
}
```

程序运行时,输入的值为_____才会有输出结果。

    A. 不等于 10 的整数   B. 大于 3 且不等于 10 的整数

    C. 大于 3 或等于 10 的整数   D. 小于 3 的整数

19. 若运行以下程序时,从键盘输入"6 8✓",则程序的输出结果是_____。

```
#include<stdio.h>
int main(void)
{
    int a,b,s;
    scanf("%d%d",&a,&b);
    s=a;
    if(a<b)
        s=b;
    s*=s;
    printf("%d",s);
    return 0;
}
```

    A. 36   B. 64   C. 48   D. 以上都不对

20. 有以下程序段：

```
int i,n;
for(i=0;i<8;i++)
{
    n=rand()%5;
    printf("n=%d",n);
    switch(n)
    { case 1:
```

```
        case 3:printf("%d\n",n); break;
        case 2:
        case 4:printf("%d\n",n); continue;
        case 0:exit(0);
    }
    printf("%d\n",n);
}
```

以下关于程序段执行情况的叙述,正确的是_____。

    A. for 循环语句固定执行 8 次

    B. 当产生的随机数 n 为 4 时结束循环操作

    C. 当产生的随机数 n 为 1 和 2 时不做任何操作

    D. 当产生的随机数 n 为 0 时结束程序运行

二、读程序,写结果

1. 若运行以下程序时输入 2↙,则程序的输出结果是_____。

```
#include <stdio.h>
int main(void)
{
    int a;
    float b;
    scanf("%d",&a);
    if(a<1) b=0.0;
    else if((a<5)&&(a!=2)) b=1.0/(a+2.0);
    else if(a<10) b=1.0/a;
    else b=10.0;
    printf("%.2f\n",b);
    return 0;
}
```

2. 以下程序的输出结果是_____。

```
#include <stdio.h>
int main(void)
{
    int x=1,y=0,a=0,b=0;
    switch(x)
    {
        case 1:
        switch(y)
        {
        case 0: a++; break;
        case 1: b++; break;
        }
        case 2: a++; b++; break;
        case 3: a++; b++;
    }
    printf("a=%d,b=%d\n",a,b);
    return 0;
}
```

3. 以下程序的输出结果是_____。

```c
# include < stdio. h>
int main(void)
{
    int x = 1, y = 0;
    if(!x)  y++;
    else if(x == 0)
        if(x)  y += 2;
        else y += 3;
    printf(" % d\n",y);
    return 0;
}
```

4. 若运行以下程序时输入 12✓,则程序的输出结果是_____。

```c
# include < stdio. h>
int main(void)
{
    int x;
    scanf(" % d",&x);
    if(x > 15) printf(" % d",x - 5);
    if(x > 10) printf(" % d",x);
    if(x > 5) printf(" % d\n",x + 5);
    return 0;
}
```

5. 有程序段如下:

```c
switch(clas)
{ case 'A':printf("GREAT! \n");
  case 'B':printf("GOOD! \n");
  case 'C':printf("OK! \n");
  case 'D':printf("NO!\n");
  default:printf("ERROR!\n");
}
```

若 clas 的值为'C',则输出结果是_____。

6. 以下程序的输出结果是_____。

```c
# include < stdio. h>
int main(void)
{
    int p,a = 5;
    if(p = a!= 0)
        printf(" % d\n",p);
    else
        printf(" % d\n",p + 2);
    return 0;
}
```

7. 以下程序的输出结果是_____。

```
#include<stdio.h>
int main(void)
{
    char c = 'A';
    if('0'<=c<='9')
        printf("YES");
    else
        printf("NO");
    return 0;
}
```

三、填空题

1. 编程实现投票表决器：输入 Y 或 y,输出 agree；输入 N 或 n,输出 disagree；输入其他字符,输出 lose。

```
#include<stdio.h>
int main(void)
{
    char c;
    scanf("%c",&c);
    ____①____
    {
    case 'Y':
    case 'y': printf("agree"); ____②____ ;
    case 'N':
    case 'n': printf("disagree"); ____③____ ;
    ____④____:printf("lose");
    }
    return 0;
}
```

2. 求一元二次方程 $ax^2+bx+c=0$ 的解($a\neq0$)。

```
#include<stdio.h>
#include<math.h>
int main(void)
{
  float a,b,c,disc,x1,x2,p,q,dia;
  scanf("%f,%f,%f", &a, &b, &c);
  disc = b*b-4*a*c;
  dia = 2*a;
  if (   ____①____   )
     printf("x1 = x2 = %7.2f\n", -b/dia);          //输出两个相等的实根
  else if (disc>1e-6)
     { x1 =    ____②____    ;                       //求出两个不相等的实根
       x2 =    ____③____    ;
       printf("x1 = %7.2f,x2 = %7.2f\n", x1, x2);
     }
  else
     { p = -b/(2*a);                                //求出两个共轭复根
```

```
            q = sqrt(fabs(disc))/fabs(dia);
            printf("x1 = %7.2f + %7.2f i\n", p, q);        //输出两个共轭复根
            printf("x2 = %7.2f - %7.2f i\n", p, q);
        }
    return 0;
}
```

3. 根据以下 if 语句写出与其功能相同的 switch 语句。

if 语句：

```
int x,m;
if((x < 60)||(x > 109)) m = 0;
else if(x < 70) m = 1;
else if(x < 80) m = 2;
else if(x < 90) m = 3;
else if(x < 100) m = 4;
else m = 5;
```

switch 语句：

```
int x,m;
switch(    ①    )
{
    ②    :m = 1;break;
case 7:m = 2;break;
case 8:m = 3;break;
case 9:m = 4;break;
case 10: m = 5;break;
    ③    :m = 0;
}
```

四、编程题

1. 输入三角形三条边的边长,判断输入的三边能否构成一个三角形。若能构成一个三角形,则输出面积,结果保留两位小数;若输入的三边不能构成三角形,则输出"These sides do not correspond to a valid triangle"。

2. 编程在屏幕上显示一个如下所示的时间表。

```
    ******* Time *******
1 morning
2 afternoon
3 night
```

输入数字,就输出对应时间的问候语。即输入 1 时显示"Good morning",输入 2 时显示"Good afternoon",输入 3 时显示"Good night",对于其他输入显示"Selection error!"。

3. 输入六个整数 ah、am、as、bh、bm、bs,分别表示时间 A 和 B 所对应的时、分、秒,保证输入数据合法。输出 A+B 的结果,输出的结果也是时、分、秒的形式,同时满足时间规则。

1.4.2 参考答案

一、单项选择题

1. D   2. C   3. D   4. B   5. C   6. B   7. C   8. C   9. B

10. D   11. D   12. D   13. A   14. C   15. A   16. D   17. B   18. B

19. B   20. D

二、读程序,写结果

1. 0.50

2. a=2,b=1

3. 0

4. 1217

5. OK!

  NO!

  ERROR!

6. 1

7. YES

三、填空题

1. ① switch(c)   ② break   ③ break   ④ default

2. ① fabs(disc)<=1e-6   ② (-b+sqrt(disc))/dia   ③ (-b-sqrt(disc))/dia

3. ① x/10   ② case 6   ③ default

四、编程题

1. 参考程序

```c
#include <stdio.h>
#include <math.h>
int main(void)
{
    double a,b,c,p,area;
    printf("Please input the three sides a,b,c:\n");
    scanf("%lf,%lf,%lf",&a,&b,&c);
    if(a+b>c&&b+c>a&&a+c>b)
    {
        p=(a+b+c)/2;
        area=sqrt(p*(p-a)*(p-b)*(p-c));
        printf("\narea=%-6.2lf\n",area);
    }
    else
        printf("These sides do not correspond to a valid triangle.");
    return 0;
}
```

2. 参考程序

```c
#include <stdio.h>
int main(void)
{

    char c;
    printf("\n\n******* Time *******\n");
    printf("1 morning \n");
```

```
        printf("2 afternoon \n");
        printf("3 night \n");
        printf("\n\nPlease input your choice(1~3)");
        c = getchar();
        switch(c)
        {
            case '1': printf("\nGood morning\n");break;
            case '2': printf("\nGood afternoon\n");break;
            case '3': printf("\nGood night\n");break;
            default: printf("\nSelection error!\n");break;
        }
        return 0;
}
```

3. 参考程序

```
# include < stdio. h>
int main(void)
{
        int ah,am,as,bh,bm,bs;
        scanf("%d%d%d%d%d%d",&ah,&am,&as,&bh,&bm,&bs);
        ah = ah + bh;
        am = am + bm;
        as = as + bs;
        if(as > = 60)
        {
            am = am + 1;
            as = as - 60;
        }
        if(am > = 60)
        {
            ah = ah + 1;
            am = am - 60;
        }
    printf("%d %d %d",ah,am,as);
    return 0;
}
```

1.5 循环结构程序设计习题及参考答案

1.5.1 习题

一、单项选择题

1. C 语言中 while 和 do-while 循环的主要区别是_____。

   A. do-while 的循环体至少无条件执行一次

   B. while 的循环控制条件比 do-while 的循环控制条件严格

   C. do-while 允许从外部转到循环体内

   D. do-while 的循环体不能是复合语句

2. 以下程序执行后 sum 的值是_____。

```
#include<stdio.h>
int main(void)
{
    int i,sum;
    for(i=1;i<6;i++) sum += i;
    printf("%d\n",sum);
    return 0;
}
```

　A. 15　　　　　　　B. 14　　　　　　C. 不确定　　　　　D. 0

3. 以下程序的输出结果是_____。

```
#include<stdio.h>
int main(void)
{
    int i=0,a=0;
    while(i<20)
    {
    for(;;)
        if(i%10==0) break;
        else i--;
    i += 11;
    a += i;
    }
    printf("%d",a);
    return 0;
}
```

　A. 11　　　　　　　B. 21　　　　　　C. 32　　　　　　D. 33

4. 以下程序的功能是：按顺序读入 10 名学生的 4 门课程的成绩，计算出每位学生的平均分数并输出。

```
#include<stdio.h>
int main(void)
{
    int n,k;
    float score,sum,ave;
    sum = 0.0;
    for(n=1;n<=10;n++)
    {
        for(k=1;k<=4;k++)
        {
            scanf("%f",&score);
            sum += score;
        }
        ave = sum/4.0;
        printf("NO%d: %f\n",n,ave);
    }
    return 0;
}
```

该程序有一条语句的位置不正确。这条语句是_____。

    A. sum＝0.0;   B. sum＋＝score;

    C. ave＝sum/4.0;   D. printf("NO%d:%f\n",n,ave);

5. 以下程序段的输出结果是_____。

```
int num = 26,k = 1;
do
{
k * = num % 10;
num/ = 10;
}while(num);
printf(" % d\n",k);
```

    A. 2   B. 6   C. 12   D. 0

6. 若运行以下程序时输入"quert? ↙",则运行结果是_____。

```
# include < stdio. h>
int main(void)
{
    char c;
    c = getchar();
    while(c!= '?')
    {
        putchar(c);
        c = getchar();
    }
    return 0;
}
```

    A. quert   B. Rvfsu   C. quert?   D. rvfsu?

7. 对以下程序段,描述正确的是_____。

```
for(t = 1;t < = 100;t++)
{
    scanf(" % d",&x);
    if(x < 0) continue;
    printf(" % d\n",x);
}
```

    A. 当 x＜0 时整个循环结束   B. x＞＝0 时什么也不输出

    C. printf 语句永远也不会执行   D. 最多允许输出 100 个非负整数

8. 有程序段如下:

```
int k = - 20;
while(k = 0)   k = k + 1;
```

则以下说法中正确的是_____。

    A. while 循环执行 20 次   B. 循环是无限循环

    C. 循环体语句一次也不执行   D. 循环体语句只执行一次

9. 以下程序的输出结果是_____。

```
# include < stdio. h >
int main(void)
{
    int i,a = 0,b = 0;
    for(i = 1;i < 10;i++)
    {
        if(i % 2 == 0)
        {
        a++;
        continue;
        }
        b++;
    }
    printf("a = % d,b = % d",a,b);
    return 0;
}
```

　　A. a＝4,b＝4　　　　B. a＝4,b＝5　　　　C. a＝5,b＝4　　　　D. a＝5,b＝5

10. 以下不是死循环的语句为_____。

　　A. for(; ; x + = k);

　　B. while(1) {x ++ };

　　C. for(k = 10; ;k --) sum + = k;

　　D. for(;(c = getchar())!= '\n';)printf(" % c",c);

11. 若以下程序段中的变量已正确定义,

```
for(i = 0;i < 4;i += 2)
    for(k = 1;k < 3;k++)
        printf(" * ");
```

则程序段的输出结果是_____。

　　A. ********　　　　B. ****　　　　　　C. **　　　　　　　　D. *

12. 以下程序段中,do-while 循环的结束条件是_____。

```
int n = 0,p;
do
{
    scanf(" % d",&p);
    n++;
} while(p!= 12345&&n < 3);
```

　　A. P 的值不等于 12345 并且 n 的值小于 3

　　B. P 的值等于 12345 并且 n 的值大于或等于 3

　　C. P 的值不等于 12345 或者 n 的值小于 3

　　D. P 的值等于 12345 或者 n 的值大于或等于 3

13. 以下程序段的输出结果是_____。

```c
int a = 10,y = 0;
do
{
a += 2;y += a;
if(y > 20)
break;} while(a = 14);
printf("a = % d y = % d\n",a,y);
```

    A. a＝18 y＝24   B. a＝14 y＝44   C. a＝12 y＝12   D. a＝16 y＝28

14. 以下程序的输出结果是_____。

```c
# include < stdio. h>
int main(void)
{
    char b,c;
    int i;
    b = 'a'; c = 'A';
    for(i = 0;i < 6;i++)
    {
        if(i % 2)
            putchar( i + b);
        else
            putchar( i + c);
    }
    printf("\n");
    return 0;
}
```

    A. ABCDEF   B. AbCdEf   C. aBcDeF   D. abcdef

15. 以下程序的功能是求 $1+1/2+1/4+\cdots+1/50$ 的值,但程序输出了错误的结果。导致结果错误的语句是_____。

```c
# include < stdio. h>
int main(void)
{
    int i;
    float sum = 1.0;
    i = 2;
    do
    {
        sum += 1/i;
        i += 2;
    }while(i < = 50);
    printf("\nsum = % f",sum);
    return 0;
}
```

    A. float sum＝1.0;   B. while (i＜＝50);

    C. sum＋＝1/i;   D. i＋＝2;

16. 以下程序的输出结果是_____。

```
# include < stdio. h >
int main(void)
{
    int a = 7;
    while(a -- ); printf(" % d\n",a);
    return 0;
}
```

    A. —1   B. 0   C. 1   D. 7

17. 语句"while(!E);"中的表达式!E 等价于_____。

    A. E==0   B. E!=1   C. E!=0   D. E==1

18. 下列叙述中正确的是_____。

    A. break 语句只能用于 switch 语句体中

    B. continue 语句的作用是使程序的执行流程跳出包含它的所有循环

    C. break 语句只能用在循环体内和 switch 语句体内

    D. 在循环体内使用 break 语句和 continue 语句的作用相同

二、读程序,写结果

1. 以下程序的输出结果是_____。

```
# include < stdio. h >
int main(void)
{
    int d,n = 1234;
    while(n!= 0)
    {
        d = n % 10;
        n = n/10;
        printf(" % d",d);
    }
    return 0;
}
```

2. 以下程序的输出结果是_____。

```
# include < stdio. h >
int main(void)
{
    int x, i;
    for(i = 1,x = 1;i <= 50;i++)
    {
        if(x >= 10) break;
        if(x % 2 == 1)
        {
            x += 5;
            continue;
        }
        x -= 3;
    }
    printf(" % d\n", i);
```

```
        return 0;
}
```

3. 以下程序的输出结果是_____。

```
# include < stdio. h >
int main(void)
{
    int i, j, t, s = 0;
    for(i = 1; i < = 3; i++)
    {
        t = 1;
        for(j = 1; j < = i; j++)
        {
            t = t * 2;
        }
        s = s + t;
    }
    printf("s = % d\n", s);
    return 0;
}
```

4. 若运行以下程序时从键盘输入"65 4↙",则输出结果是_____。

```
# include < stdio. h >
int main(void)
{
    int m, n;
    printf("Enter m, n: ");
    scanf(" % d % d", &m, &n);
    while(m!= n)
    {
        while(m > n) m -= n;
        while(m < n) n -= m;
    }
    printf("m = % d\n", m);
    return 0;
}
```

5. 有以下程序:

```
# include < stdio. h >
int main(void)
{
    int count, sum;
    long in;
    count = 0;
    sum = 0;
    printf("Please input an integer:");
    scanf(" % ld", &in);
    if(in < 0) in = - in;
    while(in!= 0)
```

```
        {
            sum = sum + in % 10;
            in = in/10;
            count++;
        }
        printf("count = % d,sum = % d\n",count,sum);
        return 0;
}
```

若程序运行时从键盘输入 234↙,则输出结果是_____。

三、填空题

1. 有 1020 个西瓜,第一天卖出一半多两个,以后每天卖剩下的一半多两个,求几天能卖完。

```
# include < stdio.h >
int main(void)
{
    int day, x1, x2;
    day = 0; x1 = 1020;
    while(    ①    )
    {
        x2 =    ②    ;
        x1 = x2;
        day++;
    }
    printf("day = % d\n",day);
    return 0;
}
```

2. 下面程序的功能是从 3 个红球、5 个白球、6 个黑球中任意取出 8 个球,且其中必须有白球,输出所有可能的方案。

```
# include < stdio.h >
int main(void)
{
    int i, j, k;
    printf("\n red     white     black \n");
    for (i = 0; i <= 3; i++)
        for (    ①    ;j <= 5;j++)
        {
            k = 8 - i - j;
            if (    ②    ) printf (" % d, % d, % d\n",i,j,k);
        }
    return 0;
}
```

3. 以下是实现打印九九乘法表的程序。

```
# include < stdio.h >
int main(void)
{
```

```
        int i,j;
        for(i = 1;_____①_____;i++)
        {
            for(j = 1;_____②_____;j++)
                printf("%d*%d=%-4d",j,i,_____③_____);
            printf("\n");
        }
        return 0;
}
```

4. 下面程序的功能是输出以下形式的金字塔图案。

```
   *
  ***
 *****
*******
```

```
#include<stdio.h>
int main(void)
{
    int i,j;
    for(i = 1;i <= 4;i++)
    {
        for(j = 1;j <= 4 - i;j++) printf(" ");
        for(j = 1;_____①_____;j++)
            printf(" * ");
        _____②_____;
    }
    return 0;
}
```

5. 下面程序的功能是计算 1~10 的偶数和与奇数和,并分别输出。

```
#include<stdio.h>
int main(void)
{
    int a,b,c,i;
    a = c = 0;
    for(i = 0;i <= 10;i += 2)
    {
        a += i;
        _____①_____;
        c += b;
    }
    printf("sum of even numbers:%d\n",a);
    printf("sum of odd numbers:%d\n",_____②_____);
    return 0;
}
```

6. 下面程序的功能是求 $s_n = a + aa + aaa + \cdots aa\cdots aa$($n$ 个 a)的值。其中,a 是一个数字。例如 $a = 2$,$n = 5$ 时,$s_n = 2 + 22 + 222 + 2222 + 22222$,其值应为 24 690。

```c
#include <stdio.h>
int main(void)
{
    int a,n,i;
    long int sn = 0,tn = 0;
    printf("please input a and n\n");
    scanf("%d,%d",&a,&n);
    printf("a = %d,n = %d\n",a,n);
    for(i = 1;i <= n;i++)
    {
        _____①_____;
        _____②_____;
    }
    printf("a + aa + ... = %ld\n",sn);
    return 0;
}
```

7. 下面程序段的功能是：输出 100 以内能被 3 整除且个位数为 6 的所有整数。

```c
int i,j;
for(i = 0;_____①_____;i++)
{
 j = i * 10 + 6;
 if(_____②_____)
     continue;
 printf("%d ",j);
}
```

四、编程题

1. 国王的许诺。古印度舍罕王决定给宰相赏赐。聪明的宰相指着 8×8 共 64 格的象棋盘说："陛下,请您赏给我一些麦子吧,就在棋盘的第一个格子中放 1 粒,第 2 格中放 2 粒,第 3 格放 4 粒,以后每一格都比前一格增加一倍,依次放完棋盘上的 64 个格子,我就感恩不尽了。"舍罕王让人扛来一袋麦子,他要兑现他的许诺。国王能兑现他的许诺吗？试编程计算舍罕王共要多少粒麦子来赏赐他的宰相,这些麦子合多少立方米(已知 1 立方米麦子约有 1.42e8 粒)。

2. 新建一条铁路,有 15 个车站,任何车站都能上下车。试编写程序计算所需准备的车票种类。用穷举法实现。

3. 计算下列级数的和,其中 n 和 x 由键盘输入。

$$s = 1 + x + x^2/2! + x^3/3! + \cdots + x^n/n!$$

4. 谁打碎了玻璃。有 4 个孩子踢球,不小心打碎了玻璃,老师问是谁干的。

A 说：不是我。

B 说：是 C。

C 说：是 D。

D 说：C 胡说。

现已知其中 3 个孩子说的是真话,1 个孩子说谎。根据这些信息,找出打碎玻璃的孩子。

1.5.2 参考答案

一、单项选择题

1. A   2. C   3. C   4. A   5. C   6. A   7. D   8. C   9. B

10. D   11. B   12. D   13. D   14. B   15. C   16. A   17. A   18. C

二、读程序,写结果

1. 4321

2. 6

3. s=14

4. m=1

5. count=3,sum=9

三、填空题

1. ① x1>0   ② x1/2−2

2. ① j=1   ② k<=6

3. ① i<=9   ② j<=i   ③ i * j

4. ① j<=2 * i−1   ② printf("\n")

5. ① b=i+1   ② c−11

6. ① tn=tn * 10+a   ② sn=sn+tn

7. ① i<10   ② j%3!=0

四、编程题

1. 参考程序

```c
#include<stdio.h>
#define CONST 1.42e8
int main(void)
{
    int n;
    double term = 1, sum = 1;
    for(n = 2;n<=64;n++)
    {
        term = term * 2;
        sum = sum + term;
    }
    printf("sum = %e\n",sum);
    printf("volum = %e\n",sum/CONST);
    return 0;
}
```

2. 参考程序

```c
#include<stdio.h>
#define N 15
int main(void)
{
    int i,j,total = 0;
```

```
    for (i = 1; i <= N; i++)
        for (j = 1; j <= N; j++)
            if(i != j)
                total = total + 1;
            printf("Total tickets are % d \n", total);
    return 0;
}
```

3. 参考程序

```c
# include < stdio. h>
int main(void)
{
    int i = 1, n;
    double s = 1.0, a = 1.0, x;
    scanf(" % lf % d", &x, &n);
    for(i = 1; i <= n; i++)
    {
        a = a * x/i;
        s = s + a;
    }
    printf(" % .4lf", s);
    return 0;
}
```

4. 参考程序

```c
# include < stdio. h>
int main(void)
{
    char child;
    int count = 0;                      //说真话的人数
    for (child = 'A'; child <= 'D'; child++)
    {
        if(child != 'A')                //A 说了真话
            count++;
        if(child == 'C')                //B 说了真话
            count++;
        if(child == 'D')                //C 说了真话
            count++;
        if(child != 'D')                //D 说了真话
            count++;
        if(count == 3)                  //有 3 个人说了真话
        {
            printf(" % c\n", child);    //输出结果
            break;
        }
    }
    return 0;
}
```

1.6 数组习题及参考答案

1.6.1 习题

一、单项选择题

1. 下列选项中错误的是_____。
   - A. int a[4]={{1,2},{3,4}};
   - B. float a[ ]={5,4,8,7,2};
   - C. #define S 10
     int a[S+5];
   - D. float a[5+3],b[2*4];

2. 若"char a[2][8]={"China","Beijing"};",下列引用数组元素的选项中错误的是_____。
   - A. a[0][0]
   - B. a[2][8]
   - C. a[0]
   - D. a[1]

3. 下列选项中正确的是_____。
   - A. int a[8]={ };
   - B. int a[9]={2,0,6};
   - C. int a[5]={0,2,0,3,7,9};
   - D. int a[7]={2, ,6};

4. 若"int a[10];",对 a 数组元素的正确引用是_____。
   - A. a[10]
   - B. a[3.5]
   - C. a(5)
   - D. a[10-10]

5. 下列选项中错误的是_____。
   - A. int x[][3]={{0},{1},{1,2,3}};
   - B. int x[4][3]={{1,2,3},{1,2,3},{1,2,3},{1,2,3}};
   - C. int x[4][]={{1,2,3},{1,2,3},{1,2,3},{1,2,3}};
   - D. int x[][3]={1,2,3,4};

6. 以下能正确定义一维数组的是_____。
   - A. int a[5]={0,1,2,3,4,5};
   - B. char a[]={'0','1','2','3','4','5','\0'};
   - C. char a={'A','B','C'};
   - D. int a[5]= "0123";

7. 下列语句中,与"float a[ ][3]={{3,0},{9}};"不等价的是_____。
   - A. float a[2][3]={{3},{9,0}};
   - B. float a[ ][3]={3,0,0,9};
   - C. float a[2][3]={3,0,9,0};
   - D. float a[ ][3]={{3},{9}};

8. 若"int a[][3]={1,2,3,4,5,6,7};",数组 a 的第一维的大小是_____。
   - A. 2
   - B. 3
   - C. 4
   - D. 无确定值

9. 下面程序段的输出结果是_____。

```
char a[8]={'0','n','e','\0','T','w','o','\0'};
printf(" %s",a);
```

   - A. One
   - B. Two
   - C. One\0Two
   - D. One\0Two\0

10. 若有"char s1[5],s2[7];",要输入两个字符串,下列语句中正确的是_____。
   - A. s1=getchar( ); s2=getchar( );
   - B. scanf("%s%s",s1,s2);

C. scanf("%c%c",s1,s2);   D. gets(&s1); gets(&s2);

11. 若"char s[ ][10]={"tree","flower"};",下列语句中正确的是_____。
     A. printf("%s%s",s[1],s[2]);   B. printf("%c%c",s[0],s[1]);
     C. puts(s[0]); puts(s[1]);   D. puts(s);

12. 不能把字符串"Hello!"赋给数组 b 的是_____。
     A. char b[10]={'H','e','l','l','o','!'};
     B. char b[10]; b="Hello!";
     C. char b[10]; strcpy(b,"Hello!");
     D. char b[10]="Hello!";

13. 下面程序段的输出结果是_____。

```
char str[2][10] = {"abc","ABC"};
printf("%d,",strcmp(str[1],str[0]));
printf("%d",strcmp(strlwr(str[1]),str[0]));
```

     A. 1,0   B. 3,1   C. 0,−1   D. −1,0

14. 下面程序段的输出结果是_____。

```
char s1[10] = "12345ABCD",s2[10] = "abc",s3[ ] = "67";
strcpy(s1,s2);
strcat(s1,s3);
printf("%s%c",s1,s1[8]);
```

     A. abc67D   B. abc4567C   C. abc 567   D. abc67

15. 下面程序段的输出结果是_____。

```
char x[] = "a\065\t\\578\095\n";
printf("%d",strlen(x));
```

     A. 5   B. 6   C. 9   D. 编译出错

16. 若"float x[3][3]={{1.0,2.0,3.0},{4.0,5.0,6.0}};",表达式 x[1][1] * x[2][2]的值是_____。
     A. 0.0   B. 4.0   C. 5.0   D. 6.0

17. 引用数组元素时,下标允许是_____。
     A. 整型常量   B. 实型常量
     C. 整型常量或整型表达式   D. 任何类型的表达式

18. 若"int b[3][4]={0};",以下叙述正确的是_____。
     A. 此语句不正确   B. 没有元素可得初值0
     C. b 中各元素均为 0   D. b 中各元素可得初值,但值不一定为 0

19. 下面程序段的输出结果是_____。

```
int n[5] = {0,0,0},i;
for(i = 0;i < 2;i++)
    n[i + 1] = n[i] + 1;
printf("%d\n",n[i]);
```

     A. 值不确定   B. 2   C. 1   D. 0

20. 下面程序段的输出结果是_____。

```
int a[4][4] = {{1,3,5},{2,4,6},{3,5,7}};
printf("%d%d%d%d\n",a[0][3],a[1][2],a[2][1],a[3][0]);
```

    A. 0650   B. 1470   C. 5430   D. 值不确定

21. 有以下定义,以下选项叙述正确的是_____。

```
char x[] = "abcdefg";
char y[] = {'a','b','c','d','e','f','g'};
```

    A. 数组 x、y 等价   B. 数组 x、y 长度相同
    C. 数组 x 的长度大于数组 y 的长度   D. 数组 x 的长度小于数组 y 的长度

22. 判断字符串 a 是否大于 b,应当使用_____。

    A. if(a>b)   B. if(strcmp(a,b))
    C. if(strcmp(b,a)>0)   D. if(strcmp(a,b)>0)

23. 表达式 strcmp("3.14","3.27") 的值是_____。

    A. 非零整数   B. 浮点数   C. 0   D. 字符

24. 下面程序段的输出结果是_____。

```
char w[][10] = {"ABCD","EFGH","IJKL","MNOP"},k;
for(k=1;k<3;k++) printf("%s",w[k]);
```

    A. ABCDFGHKL   B. ABCDEFGIJM
    C. EFGJKO   D. EFGHIJKL

25. 下面程序段的输出结果是_____。

```
char a[] = {"hello"},b[20] = {"hello\0\t\\"};
printf("%d %d %d",sizeof(a),strlen(b),sizeof(b));
```

    A. 5 5 5   B. 6 5 20   C. 6 6 6   D. 5 11 11

二、读程序,写结果

1. 以下程序的输出结果是_____。

```c
#include <stdio.h>
int main(void)
{
    int y = 18,i = 0,a[8],j;
    do
    {
        a[i] = y%2; i++; y = y/2;
    } while(y >= 1);
    for(j = i - 1;j >= 0;j--)
        printf("%d",a[j]);
    return 0;
}
```

2. 以下程序的输出结果是_____。

```c
#include <stdio.h>
```

```c
int main(void)
{
    int i,j,x = 0;
    int a[6] = {2,3,4};
    for(i = 0,j = 1;i < 3&&j < 4; ++i,j++) x += a[i] * a[j];
    printf(" % d",x);
    return 0;
}
```

3. 以下程序的输出结果是_____。

```c
# include < stdio. h >
int main(void)
{
    int x[ ] = {22,33,44,55,66,77,88},k,y = 0;
    for(k = 1;k < = 4;k++)
        if(x[k] % 2 == 1)
            y++;
    printf(" % d",y);
    return 0;
}
```

4. 以下程序的输出结果是_____。

```c
# include < stdio. h >
int main(void)
{
    int i,j,a[7][7] = {0},x = 0;
    for(i = 0;i < 3;i++)
        for(j = 0;j < 3;j++)
            a[i][j] = 3 * j + i;
    for(i = 1;i < 7;i++)
        x += a[i][i];
    printf(" % d",x);
    return 0;
}
```

5. 以下程序的输出结果是_____。

```c
# include < stdio. h >
int main(void)
{
    char s[ ] = "father";
    int i,j = 0;
    for(i = 1;i < 6;i++)
        if(s[i]< s[j]) j = i;
    s[j] = s[6];
    printf(" % s",s);
    return 0;
}
```

6. 以下程序的输出结果是_____。

```
# include < stdio.h>
int main(void)
{
    char a[4][4],i,j;
    for(i = 0;i < 4;i++)
        for(j = 0;j < 4;j++)
            if(i < j) a[i][j] = '#';
            else if(i == j) a[i][j] = '$';
            else a[i][j] = '*';
    for(i = 0;i < 4;i++)
    {
        for(j = 0;j < 4;j++)
            printf("%c",a[i][j]);
        printf("\n");
    }
    return 0;
}
```

三、填空题

1. 构成数组的各个元素必须具有相同的_____ ① 。如果一维数组的长度为 n,则数组下标的最小值为_____ ② ,最大值为_____ ③ 。

2. 二维数组元素在内存中是按_____ ① 存放的。(行/列)

3. 字符数组是用来存放_____ ① 的数组,其中每个元素存放_____ ② 个字符。

4. 若"int a[][3]={1,2,3,4,5,6,7,8,9,10};",数组 a 第一维的大小是_____ ① 。

5. 存放'A'需要占用_____ ① 个字节,存放"A"需要占用_____ ② 个字节。

6. 若"char s1[10]={"aaa"},s2[10]={"bbbb"},s3[10]={"ccccc"};",执行语句"strcat(strcpy(s2,s3),s1);"后,s1,s2,s3 中的字符串分别是_____ ① 、_____ ② 、_____ ③ 。

7. 在 C 语言中,一个二维数组可以看成若干个_____ ① 维数组。

8. C 程序在执行过程中不检查数组下标是否_____ ① 。

9. 以下程序段的输出结果是_____ ① 。

```
char b[] = "Hello,you";
b[5] = 0;
puts(b);
```

10. 统计输入的数据中正数的个数,并计算正数之和。

```
# include < stdio.h>
int main(void)
{
    int i,a[10],sum,count;
    sum = count = 0;
    for(i = 0;i < 10;i++) scanf("%d",_____ ① );
    for(i = 0;i < 10;i++)
        if(a[i] > 0) { count++; sum += _____ ② ; }
    printf("sum = %d count = %d",sum,count);
```

```
        return 0;
}
```

11. 在 N 行 M 列的二维数组中找出每一行的最大数。

```
#include<stdio.h>
#define N 3
#define M 4
int main(void)
{
    int i,j,p,x[N][M] = {1,5,7,4,2,6,4,3,8,2,3,1};
    for(i = 0;    ①    ; i++)
    { p = 0;
      for(j = 1;j<M;j++)
          if(x[i][j]>x[i][p])    ②    ;
      printf("The max value in line %d is %d\n",i,x[i][p]);
    }
    return 0;
}
```

12. 求字符串长度。

```
#include<stdio.h>
int main(void)
{
    char s[50];
    int i = 0,len = 0;
    gets(s);
    while(    ①    != '\0')
        {    ②    ; i++; }
    printf("%d",len);
    return 0;
}
```

13. 斐波那契(Fibonacci)数列是：前两项为 1,之后的每一项是它前面两项之和,即 1,
1,2,3,5,8,13…。输出数列的前 20 项。

```
#include<stdio.h>
int main(void)
{
    int i,f[20];
    f[0] = f[1] =    ①    ;
    for(    ②    ; i<20; i++)
        f[i] =    ③    + f[i-1];
    for(i = 0;i<20;i++)
    {
        if(i%5 == 0) printf("\n");
        printf("% -8d",f[i]);
    }
    return 0;
}
```

四、编程题

1. 在升序排列的一组整数中插入一个整数,使插入后数据仍有序,如在 1,5,8,14,19,24 中插入 10,结果为 1,5,8,10,14,19,24。

2. 建立一个二维数组,分别计算两条对角线元素之和。

3. 统计一维整型数组中出现次数最多的数及其出现次数(假设只有一个数出现次数最多,不考虑有多个这种数的情况)。

1.6.2 参考答案

一、单项选择题

1. A   2. B   3. B   4. D   5. C   6. B   7. C   8. B   9. A
10. B   11. C   12. B   13. D   14. A   15. B   16. A   17. C   18. C
19. B   20. A   21. C   22. D   23. A   24. D   25. B

二、读程序,写结果

1. 10010   2. 18   3. 2   4. 12   5. f

6. $ # # #
   * $ # #
   ** $ #
   *** $

三、填空题

1. ① 数据类型   ② 0   ③ n-1
2. ① 行
3. ① 字符   ② 1
4. ① 4
5. ① 1   ② 2
6. ① "aaa"   ② "ccccccaaa"   ③ "ccccc"
7. ① 一
8. ① 越界
9. ① Hello
10. ① &a[i]   ② a[i]
11. ① i<N   ② p=j
12. ① s[i]   ② len++
13. ① 1   ② i=2   ③ f[i-2]

四、编程题

1. 参考程序

```c
# include < stdio.h >
# define N 6
int main(void)
{
    int a[N+1],i,x;
    for(i = 0; i < N; i++)
```

```
        scanf(" % d",&a[i]);
    scanf(" % d",&x);
    for(i = N - 1;i > = 0;i -- )
        if(x < a[i])
            a[i + 1] = a[i];
        else
            break;
    a[i + 1] = x;
    for(i = 0;i < N + 1;i++)
        printf(" % d ",a[i]);
    return 0;
}
```

2. 参考程序

```
# include < stdio. h >
# define N 4
int main(void)
{
    int a[N][N],i,j,sum1 = 0,sum2 = 0;
    for(i = 0;i < N;i++)
        for(j = 0;j < N;j++)
            scanf(" % d",&a[i][j]);
    for(i = 0;i < N;i++)
        {sum1 += a[i][i]; sum2 += a[i][N - i - 1];}
    printf("sum1 = % d sum2 = % d\n",sum1,sum2);
    return 0;
}
```

3. 参考程序

```
# include < stdio. h >
# define N 10
int main(void)
{
    int a[N],i,j,n,num,count = 0;
    for(i = 0;i < N;i++)
        scanf(" % d",&a[i]);
    for(i = 0;i < N;i++)
    {
        n = 0;            //n 用于统计元素 a[i]出现的次数
        for(j = 0;j < N;j++)
            if(a[i] == a[j]) n++;
        if(n > count)
        {
            num = a[i];
            count = n;
        }
    }
    printf("num = % d count = % d\n",num,count);
    return 0;
}
```

1.7　函数习题及参考答案

1.7.1　习题

一、单项选择题

1. 以下正确的函数定义是_____。
    A. double fun(int x,int y)
    B. double fun(int x;int y)
    C. double fun(int x,int y);
    D. double fun(int x,y)

2. 以下错误的说法是_____。
    A. 实参可以是常量、变量或表达式
    B. 形参可以是常量、变量或表达式
    C. 实参与形参个数应相等
    D. 实参应与对应的形参类型一致

3. 形参和实参都是简单变量时,它们之间的数据传递方式是_____。
    A. 将实参地址传递给对应形参
    B. 由实参传递给对应形参的单向值传递
    C. 由实参传给形参,再由形参传回给实参
    D. 由用户指定传递方式

4. 若形参和实参都是数组名,以下叙述中错误的是_____。
    A. 形参与对应实参占用同一段存储空间
    B. 形参与对应实参占用不同的存储空间
    C. 实参将其地址传递给对应形参
    D. 形参数组元素的改变即是实参数组元素的改变

5. C语言规定,函数返回值的类型由_____。
    A. return 语句中的表达式类型决定
    B. 调用该函数时的主调函数类型决定
    C. 调用该函数时系统临时决定
    D. 定义该函数时所指定的函数类型决定

6. 以下说法正确的是_____。
    A. 函数的定义可以嵌套,但函数的调用不可以嵌套
    B. 函数的定义不可以嵌套,但函数的调用可以嵌套
    C. 函数的定义和调用均不可以嵌套
    D. 函数的定义和调用均可以嵌套

7. 若已定义的函数有返回值,则以下叙述中错误的是_____。
    A. 函数调用可以作为独立的语句存在
    B. 函数调用可以作为一个函数的实参
    C. 函数调用可以出现在表达式中
    D. 函数调用可以作为一个函数的形参

8. 在主调函数中,被调函数的原型声明可以省略的情况是_____。
    A. 被调函数是无参函数
    B. 被调函数是无返回值的函数
    C. 被调函数的定义在主调函数之前
    D. 被调函数的定义在主调函数之后

9. 以下说法错误的是_____。
    A. 在不同函数中可以使用相同名称的变量
    B. 形参是局部变量
    C. 在函数内定义的变量只在本函数范围内有效
    D. 在函数内的复合语句中定义的变量在本函数范围内有效

10. 下面说法中正确的是_____。

```
# include < stdio. h>
int main(void)
{
    void swap(int,int);
    int a,b;
    a = 3; b = 8;
    swap(a,b);
    printf(" % d, % d",a,b);
    return 0;
}
void swap(int a,int b)
{
    int t;
    t = a; a = b; b = t;
}
```

    A. main 函数中的语句"void swap(int,int);"可省略

    B. 程序的输出结果是：8,3

    C. main 函数中的语句"void swap(int,int);"是函数的原型声明

    D. main 函数中的语句"void swap(int,int);"有错误

11. 以下程序的输出结果是_____。

```
# include < stdio. h>
int fun( int a, int b, int c)
{
    c = a + b;
    return c;
}
int main(void)
{
    int c;
    fun(2,3,c);
    printf(" % d\n",c);
    return 0;
}
```

    A. 2   B. 3   C. 5   D. 无定值

12. C语言的编译系统对宏命令的处理是_____。

    A. 在程序运行时进行

    B. 在程序连接时进行

    C. 和 C 程序中的其他语句同时进行编译

    D. 在对源程序正式编译之前进行

13. 若要定义一个只能在本源文件中使用的全局变量,则该变量的存储类型应是_____。

    A. extern   B. register   C. auto   D. static

14. 程序中头文件 typel. h 的内容是:

```
# define N 5
# define M1 N + 3
```

程序如下:

```
# include < stdio. h >
# include < typel. h >
# define M2 N + 2
int main(void)
{
    int i;
    i = M1 * M2;
    printf(" % d\n",i);
    return 0;
}
```

程序运行后的输出结果是_____。

    A. 22   B. 20   C. 25   D. 30

15. 以下程序的输出结果是_____。

```
# include < stdio. h >
# define SQR(X) X * X
int main(void)
{
    int a = 16,k = 2,m = 1;
    a/ = SQR(k + m)/SQR(k + m);
    printf(" % d\n",a);
    return 0;
}
```

    A. 16   B. 2   C. 9   D. 1

16. 在一个源程序文件中定义的全局变量的有效范围是_____。

    A. 本源程序文件的全部范围

    B. 一个 C 程序的所有源程序文件

    C. 函数内全部范围

    D. 从定义变量的位置开始到源程序文件结束

17. 以下存储类型中只有在函数被调用时才为函数中该类型变量分配内存的是_____。

    A. auto 和 static   B. auto 和 register

    C. register 和 static   D. extern 和 register

18. 调用函数时,若实参是数组名,则向函数传送的是_____。

    A. 数组的长度   B. 数组的首地址

    C. 数组每个元素的地址   D. 数组每个元素的值

19. 有以下程序,下述说法不正确的是_____。

```
# include < stdio. h >
```

```
void f(int n);
int main(void)
{
    void f(int n);
    f(5);
    return 0;
}
void f(int n)
{   printf("%d\n",n); }
```

    A. 若只在主函数中对函数 f 进行说明,则只能在主函数中正确调用函数 f

    B. 若在主函数前对函数 f 进行说明,则在主函数和其后的其他函数中都可以正确调用函数 f

    C. 以上程序编译时系统会给出出错信息——对 f 函数重复说明

    D. 函数名 f 前的 void 表示函数无返回值

20. 以下程序的输出结果是_____。

```
#include<stdio.h>
float fun(int x,int y)
{   return x+y; }
int main(void)
{
    int a=2,b=5,c=8;
    printf("%3.0f\n",fun((int)fun(a+c,b),a-c));
    return 0;
}
```

    A. 编译出错   B. 9   C. 21   D. 9.0

21. 有以下宏定义:

```
#define  N  3
#define  Y(n)  ((N+1)*n)
```

执行语句"z=2*(N+Y(5+1));"后,z 的值是_____。

    A. 出错   B. 42   C. 48   D. 54

22. 有以下宏定义:

```
#define  N  4+1
#define  M  N*2+N
#define  RE  5*M+M*N
```

语句"printf("%d",RE/2);"的输出结果是_____。

    A. 150   B. 100   C. 41   D. 以上结果都不对

23. 以下程序有语法错误,下述说法中正确的是_____。

```
#include<stdio.h>
int main(void)
{
    int G=5,k;
    void prt_char();
```

```
...
k = prt_char(G);
...
}
```

A. 语句"void prt_char();"有错,它是函数调用语句,不能用 void 说明

B. 变量名不能用大写字母

C. 函数声明和函数调用语句之间有矛盾

D. 函数名不能用下画线

24. 以下程序的输出结果是_____。

```
#include<stdio.h>
int a,b;
void fun(void)
{  a = 100; b = 200; }
int main(void)
{
    int a = 5,b = 7;
    fun();
    printf("%d%d\n",a,b);
    return 0;
}
```

    A. 100200   B. 57   C. 200100   D. 75

25. 以下程序的输出结果是_____。

```
#include<stdio.h>
int f(int a)
{
    int b = 0;
    static int c = 3;
    b++; c++;
    return a + b + c;
}
int main(void)
{
    int a = 2,i;
    for(i = 0;i < 3;i++) printf("%d ",f(a));
    return 0;
}
```

    A. 7 8 9   B. 7 9 11   C. 7 10 13   D. 7 7 7

二、读程序,写结果

1. 以下程序的输出结果是_____。

```
#include<stdio.h>
int f(char s[])
{
    int i = 0,j = 0;
    while(s[j]!= '\0') j++;
```

```
        return j - i;
    }
    int main(void)
    {
        printf(" % d\n",f("ABCDEF"));
        return 0;
    }
```

2. 以下程序的输出结果是_____。

```
# include < stdio. h >
int fun(char a[][5])
{
    int s = 0,i,j;
    for(i = 0;i < 2;i++)
        for(j = 0;a[i][j]> = '0'&&a[i][j]< = '9';j++)
            s = 10 * s + a[i][j] - '0';
    return s;
}
int main(void)
{
    char ch[2][5] = {"12a4","5678"};
    printf(" % d\n",fun(ch));
    return 0;
}
```

3. 以下程序的输出结果是_____。

```
# include < stdio. h >
# define MAX 10
int a[MAX],i;
void sub1(),sub2(),sub3(int [ ]);
int main(void)
{
    sub1(); sub3(a); sub2(); sub3(a);
    return 0;
}

void sub1()
{
    for(i = 0;i < MAX;i++) a[i] = i + i;
}

void sub2()
{
    int a[MAX],i,max;
    max = 5;
    for(i = 0;i < max;i++) a[i] = i;
}

void sub3(int a[])
{
```

```
    int i;
    for(i = 0;i < MAX;i++) printf(" % d ",a[i]);
    printf("\n");
}
```

4. 以下程序的输出结果是_____。

```
# include < stdio.h >
void fun(int k)
{
    if(k > 0) fun(k - 1);
    printf(" % d",k);
}
int main(void)
{
    int w = 5;
    fun(w);
    return 0;
}
```

5. 以下程序的输出结果是_____。

```
# include < stdio.h >
int fun(int x)
{
    int p;
    if(x == 0||x == 1) return 3;
    p = x - fun(x - 2);
    return p;
}
int main(void)
{
    printf(" % d\n",fun(9));
    return 0;
}
```

6. 以下程序的输出结果是_____。

```
# include < stdio.h >
int x = 3;
void mm()
{
    static int s = 1;
    s * = s + 1;
    printf(" % d ",s);
}
int main(void)
{
    int i;
    for(i = 0;i < x;i++) mm();
    return 0;
}
```

三、填空题

1. 函数直接或间接地调用自己,称为函数的_____①_____。

2. C 语言中唯一一个不能被别的函数调用的函数是_____①_____。

3. 在函数内部定义的变量叫_____①_____,在函数外部定义的变量叫_____②_____。

4. 设有以下定义,执行赋值语句"v＝LENGTH * 20;"后 v 的值是_____①_____。

```
#define WIDTH 80
#define LENGTH WIDTH + 40
int v;
```

5. 根据输入的 y(或 Y)或 n(或 N),分别输出"YES"或"NO"。

```
#include < stdio. h >
void YesNo(char ch)
{
    switch(ch)
    {   case 'y':
        case 'Y': printf("YES\n");    ①    ;
        case 'n':
        case 'N': printf("NO\n");
    }
}
int main(void)
{
    char ch;
    printf("Enter a char 'y','Y',or'n','N':");
    ch = getchar();
        ②    ;
    return 0;
}
```

6. 计算函数 $F(x,y,z)=(x+y)/(x-y)+(z+y)/(z-y)$ 的值。

```
#include < stdio. h >
float f(float,float);
int main(void)
{
    float x,y,z,sum;
    scanf("%f%f%f",&x,&y,&z);
    sum = f(    ①    ) + f(    ②    );
    printf("sum = %f\n",sum);
    return 0;
}
float f(float a,float b)
{
    float value;
    value = a/b;
    return (value);
}
```

7. 计算 $x-x^2+x^3-x^4+\cdots+(-1)^{n-1}x^n$ 的值。该表达式经数学变换后变换为以

下形式：

$$p(x,n) = \begin{cases} x & n=1 \\ x[1-p(x,n-1)] & n>1 \end{cases}$$

```c
#include<stdio.h>
float px(float x,int n)
{
    if(n==1)    ①    ;
    else return    ②    ;
}
int main(void)
{
    float x;
    int n;
    scanf("%f%d",&x,&n);
    printf("%f\n",px(x,n));
    return 0;
}
```

8. 求一个 3 位数，该数等于其每位数字的阶乘之和，即 abc＝a!＋b!＋c!。

```c
#include<stdio.h>
int f(int m)
{
    int i=0,t=    ①    ;
    while(++i<=m)
        t=t*i;
    return t;
}
int main(void)
{
    int a[3],t,k,i;
    for(i=100;i<1000;i++)
    {
        for(t=0,k=1000;k>=10;t++)
        {
            a[t]=(i%k)/(k/10);
            k=k/10;
        }
        if(f(a[0])+f(a[1])+f(a[2])    ②    )
            printf("%d ",i);
    }
    return 0;
}
```

9. 为使以下程序正确执行，请填入相应的文件包含命令。

```c
    ①
#include<stdio.h>
int main(void)
{
```

```
        double x = 2, y = 3;
        printf(" % lf", pow(x, y));
        return 0;
    }
```

10. 求正整数 n 的各位数字之积。

```
# include < stdio. h>
long fun( long m)
{
    long k = 1;
    do
    { k * = m % 10;
        ____①____ ;
    } while( m!= 0);
    return k;
}
int main( void)
{
    long n;
    scanf(" % ld", &n);
    printf(" % ld\n", ____②____ );
    return 0;
}
```

11. 找出数组中的最大值及其下标。

```
# include < stdio. h>
int find( int s[ ], int n)
{
    int i, p = 0;
    for( i = 1; i < n; i++)
        if( s[ i] > s[ p]) ____①____ ;
    return p;
}
int main( void)
{
    int a[ 10], i, k;
    for( i = 0; i < 10; i++) scanf(" % d", &a[ i]);
    k = find( ____②____ );
    printf(" % d, % d\n", a[ k], k);
    return 0;
}
```

12. 计算以下表达式的值。

$$s = 1 - \frac{1}{3} + \frac{1}{5} - \frac{1}{7} + \cdots + (-1)^{n-1} \frac{1}{2n-1}$$

```
# include < stdio. h>
float fun( int n)
{
    float s = 0, w, f = - 1;
```

```
        int i;
        for(i = 1;i <= n;i++)
        {
            f = - f;
            w =    ①    ;
            s += w;
        }
           ②    ;
}
int main(void)
{
    int n;
    scanf(" % d",&n);
    printf(" % f\n",fun(n));
    return 0;
}
```

13. 用选择法对数组 a 中的元素按升序排序。

```
# include < stdio. h>
void sort(int a[ ],int n)
{
    int i,j,k,t;
    for(i = 0;i < n - 1;i++)
    {
        k = i;
        for(j = i + 1;j < n;j++)
            if(a[j]    ①    a[k]) k = j;
        t = a[i]; a[i] = a[k];    ②    ;
    }
}
int main(void)
{
    int a[5] = {2,5,1,3,4},i;
    sort(a,5);
    for(i = 0;i < 5;i++)
        printf(" % 3d",a[i]);
    return 0;
}
```

四、编程题

1. 编写一个函数,计算以下表达式的值。

$$s = 1 + x + \frac{x^2}{2!} + \frac{x^3}{3!} + \cdots + \frac{x^n}{n!}$$

2. 编写一个函数,其功能是将一个字符串反序(逆序)存放,如将"abcd"变成"dcba"。在主函数中输入字符串并输出结果。

3. 编写一个函数,其功能是从字符串中删除指定字符。在 main 函数中输入字符串及指定字符,调用函数完成删除,最后输出删除指定字符后的字符串。如输入的字符串为 "ab * * * c * d",字符为" * ",输出结果应为"abcd"。

1.7.2 参考答案

一、单项选择题

1. A   2. B   3. B   4. B   5. D   6. B   7. D   8. C   9. D
10. C   11. D   12. D   13. D   14. A   15. B   16. D   17. B   18. B
19. C   20. B   21. C   22. C   23. C   24. B   25. A

二、读程序,写结果

1. 6
2. 125678
3. 0 2 4 6 8 10 12 14 16 18
   0 2 4 6 8 10 12 14 16 18
4. 012345
5. 7
6. 2 6 42

三、填空题

1. ① 递归调用
2. ① main 函数
3. ① 局部变量   ② 全局变量
4. ① 880
5. ① break   ② YesNo(ch)
6. ① x+y,x-y   ② z+y,z-y
7. ① return x   ② x * (1-px(x,n-1))
8. ① 1   ② ==i
9. ① #include < math. h >
10. ① m=m/10   ② fun(n)
11. ① p=i   ② a,10
12. ① f/(2 * i-1)   ② return s
13. ① <   ② a[k]=t

四、编程题

1. 参考程序

```c
#include < stdio. h>
double fun(double x, int n)
{
    double s = 1, p = 1, t = 1;
    int i;
    for(i = 1; i <= n; i++)
    {
        t = t * i;
        p = p * x;
        s = s + p/t;
    }
```

```
        return s;
}
int main(void)
{
        int n;
        double x;
        scanf(" % lf % d",&x,&n);
        printf(" % f\n",fun(x,n));
        return 0;
}
```

2. 参考程序

```
# include < stdio. h >
# include < string. h >
void reverse(char a[ ])
{
        int i = 0, j = strlen(a) - 1;
        char c;
        for( ;i < j;i++,j-- )
        {c = a[ i]; a[ i] = a[ j]; a[ j] = c;}
}
int main(void)
{
        char b[30];
        gets(b);
        reverse(b);
        puts(b);
        return 0;
}
```

3. 参考程序

```
# include < stdio. h >
# include < string. h >
void dele(char a[ ],char c);
int main(void)
{
        char a[30],c;
        gets(a);
        c = getchar();
        dele(a,c);
        puts(a);
        return 0;
}
```

函数写法 1：从前向后处理字符串。

```
void dele(char a[ ],char c)
{
        int i,j = 0;
        for(i = 0;a[i]!= '\0';i++)
```

```
        if(a[i]!= c)
        {
            a[j] = a[i];
            j++;
        }
    a[j] = '\0';
}
```

函数写法 2：从后向前处理字符串。

```
void dele(char a[],char c)
{
    int i,j;
    for(i = strlen(a) - 1;i > = 0;i -- )
        if(a[i] == c)
        {
            j = i + 1;
            while((a[j - 1] = a[j])!= '\0') j++;
        }
}
```

1.8   指针习题及参考答案

1.8.1   习题

一、单项选择题

1. 设有如下定义，则对数组元素的不正确引用是_____。

int a[10], * p = a;

    A. * &a[5]   B. a+2   C. * (p+5)   D. * (a+2)

2. 设有如下定义，则对数组元素地址的不正确引用是_____。

int a[10], * p = a;

    A. p+5   B. * a+1   C. a+1   D. &a[0]

3. 设有如下定义，则对数组元素的正确引用是_____。

int a[2][3],(* p)[3] = a;

    A. * (* (a+i)+j)   B. (p+i)[j]   C. * (a+i+j)   D. * (a+i)+j

4. 设有如下定义，则对数组元素地址的正确引用是_____。

int a[2][3],(* p)[3] = a;

    A. (a+i)   B. * (p+2)

    C. p[1]+1   D. * (* (p+2)+1)

5. 下面关于字符串的定义和操作语句正确的是_____。

    A. char * s;scanf("%s",s);

B. char str[20]，＊p＝str;scanf("％s",p[2]);

C. char str[10]，＊st＝"abcde";strcat(str,st);

D. char str[10]＝" "，＊st＝"abcde";strcat(str,st);

6. 下面关于字符串的定义和操作语句不正确的是_____。

　A. char s[ ]＝{"ABCDE!"};

　B. char s[6]＝{'A','B','C','D','E'};

　C. char ＊s;s＝"ABCDE!";

　D. char ＊str1＝"1234567"，＊str2＝"ABCDE!";strcat(str1,str2);

7. 以下程序的输出结果是_____。

```
# include < stdio. h>
int main(void)
{
    int a[10] = {9,8,7,6,5,4,3,2,1,0}, * p;
    p = a;
    printf(" % d\n", * (p + 9));
    return 0;
}
```

　A. 0　　　　　　　　B. 1　　　　　　　C. 10　　　　　　　D. 9

8. 以下程序的输出结果是_____。

```
# include < stdio. h>
int main(void)
{
    char * s = "abcd";
    s += 2;
    printf(" % d\n", * s);
    return 0;
}
```

　A. cd　　　　　　　　　　　　B. 字符 c 的 ASCII 码值

　C. 字符 c 的地址　　　　　　　D. 出错

9. 执行以下程序段后,s 的值为_____。

```
static int a[] = {5,3,7,2,1,5,4,10};
int s = 0,k;
for(k = 0;k < 8;k += 2)
    s += * (a + k);
```

　A. 17　　　　　　B. 27　　　　　　C. 13　　　　　　D. 无定值

10. 有如下说明:

```
int a[10] = {1,2,3,4,5,6,7,8,9,10}, * p = a;
```

则值为 9 的表达式是_____。

　A. ＊p＋9　　　B. ＊(p＋8)　　　C. ＊p＋＝9　　　D. p＋8

11. 下面程序把数组元素中的最大值放入 a[0]中,则在 if 语句中的条件表达式应该是_____。

```
#include<stdio.h>
int main(void)
{
    int a[10]={6,8,3,1,5,9,4,2,7,0},*p=a,i;
    for(i=0;i<10;i++,p++)
    if(_____) *a=*p;
    printf("%d\n",*a);
    return 0;
}
```

    A. p>a   B. *p>a[0]

    C. *p>*a[0]   D. *p[0]>*a[0]

12. 下面叙述中正确的是_____。

    A. 语句"int *pt;"中的*pt是指针变量名

    B. 若语句"int a[10],*pt=a;"正确,则等效于"int a[10],*pt;pt=&a[0];"

    C. 运算符*和&都是取变量地址的运算符

    D. 已知指针变量p指向变量a,则&a和*p值相同,都是变量a的值

13. 若有以下定义和操作语句:

```
int **pp,*p,a=20,b=10;
pp=&p;p=&a;p=&b;printf("%d,%d\n",*p,**pp);
```

则输出结果是_____。

    A. 10,20   B. 10,10   C. 20,10   D. 20,20

14. 若有以下的程序段,则在执行for语句后,*(*(pt+1)+2)表示的数组元素是_____。

```
int t[3][3],*pt[3],k;
for(k=0;k<3;k++) pt[k]=&t[k][0];
```

    A. t[2][0]   B. t[2][2]   C. t[1][2]   D. t[2][1]

15. 若有以下的程序段,则对数组元素的错误引用是_____。

```
int a[15]={0},*p[3],**pp=p,i;
for(i=0;i<3;i++) p[i]=&a[i*4];
```

    A. pp[0][1]   B. a[10]

    C. p[3][1]   D. *(*(p+2)+2)

16. 下面程序的输出结果是_____。

```
int main(void)
{
    char *s[]={"one","two","three"},*p;
    p=s[1];
    printf("%c,%s\n",*(p+1),s[0]);
    return 0;
}
```

    A. n,two   B. t,one   C. w,one   D. o,two

17. 下面不正确的指针概念是_____。

    A. 一个指针变量只能指向同一类型的变量

    B. 一个变量的地址称为该变量的指针

    C. 只有同一类型变量的地址才能存放在指向该类型变量的指针变量之中

    D. 指针变量可以赋任意整数,但不能赋浮点数

18. 设有定义"int x;",则经过_____后,语句"$*px=0$;"可将 x 值置为 0。

    A. int $*px$;   B. int $*px=\&x$;

    C. float $*px$;   D. float $*px=\&x$;

19. 设有定义"int $n=0, *p=\&n, **q=\&p$;",则以下选项中,正确的赋值语句是_____。

    A. $*p=8$;   B. $*q=5$;   C. $q=p$;   D. $p=1$;

20. 动态分配一个整型内存单元,要将内存单元的地址赋给指针变量 p,正确的是_____。

```
int *p;
p = _____ malloc(sizeof(int));
```

    A. int $*$ B. (int $*$)   C. (int)   D. int

二、读程序,写结果

1. 以下程序执行后 y 的值为_____。

```
#include<stdio.h>
int main(void)
{
    int a[] = {1,3,5,7,9};
    int y = 1,i, *p;
    p = &a[1];
    for(i = 0;i < 3;i++)
        y += *(p + i);
    printf("%d\n",y);
    return 0;
}
```

2. 以下程序的输出结果是_____。

```
#include<stdio.h>
int a[] = {2,4,6,8};
int main(void)
{
    int i, *p = a + 3;
    for(i = 0;i < 4;i++,p-- ) a[i] = *p;
    printf("%d\n",a[3]);
    return 0;
}
```

3. 以下程序的输出结果是_____。

```
#include<stdio.h>
```

```c
#include<string.h>
int main(void)
{
    char * p[10] = {"abc","aabdfg","dcdbe","abbd","cd"};
    printf("%d\n",strlen(p[4]));
    return 0;
}
```

4. 以下程序的输出结果是_____。

```c
#include<stdio.h>
int main(void)
{
    int * p, i;
    i = 5; p = &i; i = * p + 10;
    printf("i = %d\n", i);
    return 0;
}
```

5. 以下程序的输出结果是_____。

```c
#include<stdio.h>
int main(void)
{
    int a = 7,b = 8, * p, * q, * r;
    p = &a;q = &b;
    r = p; p = q;q = r;
    printf("%d,%d,%d,%d\n", * p, * q,a,b);
    return 0;
}
```

6. 以下程序的输出结果是_____。

```c
#include<stdio.h>
int main(void)
{
    char * s, s1[20] = "here is", * s2 = "key";
    s = s1;
    while( * s!= '\0') s++;
    while( * s++ = * s2++);
    s2 = s1;
    while( * s2!= '\0') s2++;
    printf("%d\n",s2 - s1);
    return 0;
}
```

7. 以下程序的输出结果是_____。

```c
#include<stdio.h>
int main(void)
{
    char * s = "1234";
    s += 2;
```

```
        printf(" % s\n",s);
        return 0;
}
```

三、填空题

1. 通过键盘输入 10 个一维数组元素,然后再输入一个数 x,查找该数是否在数组中。若在,输出其下标,否则输出−1。

```
# include < stdio. h >
int main(void)
{
        int a[10],x,i, * p;
        for(i = 0;i < 10;i++)
          scanf(" % d",     ①     );               //输入 10 个数
        scanf(" % d",&);
        p = a + 9;
        for (i = 9;i > = 0;i−− )
          if (x!= * p)     ②     ;
          else break;
        printf(" % d\n",i);
        return 0;
}
```

2. 统计字符数组 s 中的数字的个数。

```
# include < stdio. h >
int main(void)
{
        char s[ ] = "abcd1e2f34", * p = s;
        int n;
            ①     ;
        while( * p!= '\0')
        {
            if( * p > = '0'&& * p < = '9') n++;
                ②     ;}
        printf(" % d\n",n);
        return 0;
}
```

3. 下面程序的功能是将数组 s2 中的大写字母接到数组 s1 后面。

```
# include < stdio. h >
int main(void)
{
        char s1[20] = "xy",s2[ ] = "abDFcG", * t1 = s1, * t2 = s2;
        while( * t1!= '\0')     ①     ;
        while( * t2!= '\0')
        {
            if( * t2 > = 'A'&& * t2 < = 'Z')
            {     ②     ; t1++;}
            t2++;
        }
```

```
        * t1 = '\0';
        puts(s1);
        return 0;
}
```

4. 下面程序判断输入的字符串是否是"回文"（顺序读和倒序读都一样的字符串称为"回文"，如 level）。

```
# include < stdio. h>
# include < string. h>
int main(void)
{
    char s[81], * p1, * p2;
    int n;
    gets(s);
    n = strlen(s);
    p1 = s;p2 =    ①    ;
    while(    ②    )
    {
        if( * p1!= * p2) break;
        else
            { p1++; p2 -- ; }
    }
    if (p1 < p2) printf("NO\n ");
    else printf("YES\n ");
    return 0;
}
```

5. 以下程序的功能是通过指针操作，找出 3 个整数中的最小值并输出。

```
# include < stdio. h>
int main(void)
{
    int * a, * b, * c, num, x, y, z;
    a = &x; b = &y; c = &z;
    printf("输入 3 个整数: ");
    scanf("% d% d% d", a, b, c);
    printf("% d, % d, % d\n", * a, * b, * c);
    num = * a;
    if( * a> * b)    ①    ;
    if(num > * c)    ②    ;
    printf("输出最小整数: % d\n", num);
    return 0;
}
```

四、编程题

以下练习都要求用指针完成。

1. 从键盘输入一个班 5 人某门课的成绩，求全班成绩总和与平均成绩。

2. 从键盘输入一个字符串，然后从第一个字母开始间隔地输出该字符串。例如输入

"computer",则输出"cmue"。

3. 完成一个 4×4 矩阵的转置,即行列互换。

1.8.2 参考答案

一、单项选择题

1. B　　2. B　　3. A　　4. C　　5. D　　6. C　　7. A　　8. B　　9. A

10. B　　11. B　　12. B　　13. B　　14. C　　15. C　　16. B　　17. D　　18. B

19. A　　20. B

二、读程序,写结果

1. 16

2. 8

3. 2

4. i=15

5. 8,7,7,8

6. 10

7. 34

三、填空题

1. ① a+i 或 &a[i]　　　　② p－－或－－p

2. ① n=0　　　　　　　　② p++或++p

3. ① t1++或++t1　　　② *t1=*t2

4. ① s+n-1　　　　　　② p1<p2

5. ①num=*b　　　　　② num=*c

四、编程题

1. 参考程序

```
#include<stdio.h>
#define N 5
int main(void)
{
    int i;
    float aver,sum=0,a[N],*p;
    for(p=a;p<a+N;p++)scanf("%f",p);          //输入 N 个成绩
    p=a;
    for(i=0;i<N;i++,p++)sum+=*p;              //求 N 个成绩的总和
    aver=sum/N;
    printf("sum=%f aver=%f\n",sum,aver);
    return 0;
}
```

2. 参考程序

```
#include<stdio.h>
#include<string.h>
int main(void)
```

```
{
    char * p, str1[80];
    int n, i = 0;
    gets(str1);
    p = str1;
    n = strlen(str1);
    while( * p!= '\0'&&i < n)
    {
        printf(" % c", * p);
        i += 2, p += 2;
    }
    return 0;
}
```

3. 参考程序

```
# include < stdio. h >
int main(void)
{
    int a[4][4];
    int * p = a[0], i, j, t;
    for(i = 0; i < 4; i++)
        {
            for(j = 0; j < 4; j++)
                scanf(" % d", &a[i][j]);
        }
    for(i = 0; i < 4; i++)
        for(j = i; j < 4; j++)
        {
            t = * (p + 4 * i + j);
            * (p + 4 * i + j) = * (p + 4 * j + i);
            * (p + 4 * j + i) = t;
        }
    printf("the result is \n");
    for(i = 0; i < 4; i++)
    {
        for(j = 0; j < 4; j++)
            printf(" % 5d", a[i][j]);
        printf("\n");
    }
    return 0;
}
```

1.9 指针与函数习题及参考答案

1.9.1 习题

一、单项选择题

1. 下列程序段的输出结果是_____。

```
# include < stdio. h >
```

```
void fun(int * x, int * y)
{ printf(" % d % d", * x, * y); * x = 3; * y = 4;}
int main(void)
{
    int x = 1, y = 2;
    fun(&y, &x);
    printf(" % d % d", x, y);
    return 0;
}
```

    A. 2 1 4 3   B. 1 2 1 2   C. 1 2 3 4   D. 2 1 1 2

2. 下列程序的运行结果是_____。

```
# include < stdio. h>
void fun(int * a, int * b)
{
    int * k;
    k = a; a = b; b = k;
}
int main(void)
{
    int a = 3, b = 6, * x = &a, * y = &b;
    fun(x, y);
    printf(" % d % d", a, b);
    return 0;
}
```

    A. 6 3   B. 3 6   C. 编译出错   D. 0 0

3. 有以下程序：

```
int add( int a, int b){return a + b};
int main(void)
{
    int k, ( * f)(int, int), a = 5, b = 10;
    f = add;
    ...
    return 0;
}
```

则以下函数调用语句错误的是_____。

    A. k＝add(a,b);   B. k＝f(a,b);

    C. k＝ * f(a,b);   D. k＝(* f)(a,b);

4. 以下程序的输出结果是_____。

```
# include < stdio. h>
void fun( int * p);
int main()
{
    int x = 3;
    fun(&x);
```

```
        printf("x =  % d\n", x);
        return 0;
    }
    void fun( int  * p)
    {   * p = 5; }
```

  A. 3   B. 5   C. 8   D. 2

5. 以下函数的功能是_____。

```
int fun(char * s,char * t)
{
    while (( * s)&&( * t)&&( * t == * s))
        t++,s++;
    return ( * s - * t);
}
```

  A. 求字符串的长度   B. 比较两个字符串的大小

  C. 将字符串 s 复制到字符串 t 中   D. 将字符串 s 连接到字符串 t 后

6. 有以下函数：

```
char * fun(char * p) {return p;}
```

  该函数的返回值是_____。

  A. 无确切的值   B. 一个临时存储单元的地址

  C. 形参 p 自身的地址值   D. 形参 p 中存放的地址值

7. 设有"void f1(int * m,long n);int a;long b;"则以下调用合法的是 _____。

  A. f1(a,b);   B. f1(&a,b);   C. f1(a,&b);   D. f1(&a,&b);

8. main()函数形参的正确说明形式是_____。

  A. int main(int argc,char * argv)   B. int main(int abc,char ** abv)

  C. int main(int argc,char argv)   D. int main(int c,char v[ ])

9. 若已定义以下函数：

```
void f(…)
{   …
    * p = (double * )malloc(10 * sizeof(double));
    …
}
```

其中 p 是该函数的形参,要求通过 p 把动态分配存储单元的地址传回主调函数,则形参 p 的正确定义应当是_____。

  A. double * p   B. float ** p   C. double ** p   D. float * p

10. 若有以下调用语句,则不正确的 fun 函数的首部是_____。

```
int main(void)
{
    int a[50],n;
    fun(n,&a[8]);
    return 0;
```

```
}
```

    A.　void fun(int m,int x[])　　　　B.　void fun(int s,int h[42])

    C.　void fun(int p,int * s)　　　　D.　void fun(int m,int a)

11. 下列程序的输出结果是_____。

```
void fun(int x, int * y)
{ printf(" % d % d ", x, * y); x = 3; * y = 4;}
int main(void)
{
    int x = 1,y = 2;
    fun(x,&y);
    printf(" % d % d",x, y);
    return 0;
}
```

    A. 2 1 4 3　　　　B. 1 2 1 4　　　　C. 1 2 3 4　　　　D. 2 1 1 2

12. 有以下程序：

```
# include < stdio. h >
void f(int * p,int * q);
int main(void)
{
    int m = 1,n = 2, * r = &m;
    f(r,&n); printf(" % d, % d",m,n);
    return 0;
}
void f(int * p,int * q)
{p = p + 1; * q = * q + 1;}
```

程序运行后的输出结果是_____。

    A.　1,3　　　　B.　2,3　　　　C.　1,4　　　　D.　1,2

13. 有以下程序：

```
# include < stdio. h >
int b = 2;
int fun(int * k) { b = * k + b; return(b); }
int main(void)
{
    int a[10] = {1,2,3,4,5,6,7,8},i;
    for(i = 2;i < 4;i++)
    {   b = fun(&a[ i]) + b; printf(" % d",b); }
    printf("\n");
    return 0;
}
```

程序运行后的输出结果是_____。

    A.　10 12　　　　B.　8 10　　　　C.　10 28　　　　D.　10 16

14. 设有以下函数：

```
void fun(int n,char * s) {…}
```

则下面对函数指针的定义和赋值均正确的是_____。

    A. void (* pf)(int,char *); pf=fun;   B. void * pf(); pf=fun;

    C. void * pf(); * pf=fun;   D. void (* pf)(int,char);pf=&fun;

15. 有以下程序:

```
# include < stdio. h >
void fun(char * c,int d)
{    * c = * c + 1;d = d + 1;
     printf(" % c, % c,", * c,d);}
int main(void)
{
     char b = 'a',a = 'A';
     fun(&b,a);
     printf(" % c, % c\n",b,a);
     return 0;
}
```

程序运行后的输出结果是_____。

    A. b,B,b,A   B. b,B,B,A   C. a,B,B,a   D. a,B,a,B

16. 有以下程序:

```
# include < stdio. h >
# define N 8
void fun(int * x,int i)
{ * x = * (x + i);}
int main(void)
{
     int a[N] = {1,2,3,4,5,6,7,8},i;
     fun(a,2);
     for(i = 0;i < N/2;i++){printf(" % d",a[i]);}
     printf("\n");
     return 0;
}
```

程序运行后的输出结果是_____。

    A. 1313   B. 2234   C. 3234   D. 1234

17. 有以下程序(说明:字母 A 的 ASCII 码值是 65):

```
# include < stdio. h >
void fun(char * s)
{ while( * s)
  { if( * s % 2)
       printf(" % c", * s);
     s++;}
}
int main(void)
{
     char a[] = "BYTE";
     fun(a);
     printf("\n");
```

```
        return 0;
}
```

程序运行后的输出结果是_____。

    A. BY   B. BT   C. YT   D. YE

18. 有以下程序：

```
#include<stdio.h>
void f(int * p);
int main(void)
{
    int a[5] = {1,2,3,4,5}, * r = a;
    f(r);
    printf("%d\n", * r);
    return 0;
}
void f(int * p)
{
    p = p + 3;
    printf("%d,", * p);
}
```

程序运行后的输出结果是_____。

    A. 1,4   B. 4,4   C. 3,1   D. 4,1

19. 以下函数返回 a 所指数组中最小的值所在的下标值。

```
int fun(int * a, int n)
{   int i,j = 0,p;
    p = j;
    for(i = j;i<n;i++)
        if(a[i]<a[p]);
            _____;
    return(p); }
```

在横线处应填入的是_____。

    A. i=p   B. a[p]=a[i]   C. p=j   D. p=i

20. 有以下程序：

```
#include<stdio.h>
void fun(char * t,char * s)
{   while( * t!= 0) t++;
    while(( * t++ = * s++)!= 0);
}
int main(void)
{
    char ss[10] = "acc",aa[10] = "bbxxyy";
    fun(ss,aa); printf("%s, %s\n",ss,aa);
    return 0;
}
```

程序的运行结果是_____。

A. accxyy,bbxxyy   B. acc,bbxxyy

C. accxxyy,bbxxyy   D. accbbxxyy,bbxxyy

二、读程序，写结果

1. 以下程序的输出结果是_____。

```
#include <stdio.h>
void fun(int x,int y,int *cp,int *dp)
{   *cp=x+y;
    *dp=x-y;
}
int main(void)
{
    int a,b,c,d;
    a=30; b=50;
    fun(a,b,&c,&d);
    printf("%d,%d\n",c,d);
    return 0;
}
```

2. 以下程序的输出结果是_____。

```
#include <stdio.h>
int fun(char *s)
{
    char *p=s; int n=0;
    while(*p!='\0')
    {
        if(*p>='0'&&*p<='9')
            n++;
        p++;
    }
    return n;
}
int main(void)
{
    char *p="abc123";
    printf("%d\n",fun(p));
    return 0;
}
```

3. 以下程序的输出结果是_____。

```
#include <stdio.h>
void ff(char *s,char t)
{
    while(*s)
    {   if(*s==t)
          *s=t-'a'+'A';
        s++;
    }
```

```
}
int main(void)
{
    char str[20] = "abcddefgfgde",ch = 'd';
    ff(str,ch);
    printf("%s\n",str);
    return 0;
}
```

4. 以下程序的输出结果是_____。

```
#include<stdio.h>
void fun(int *a, int *b)
{
    int *k;
    k = a; a = b; b = k;
}
int main(void)
{
    int a = 3, b = 6, *x = &a, *y = &b;
    fun(x,y);
    printf("%d %d",a,b);
    return 0;
}
```

5. 以下程序的输出结果是_____。

```
#include<stdio.h>
int b = 2;
int func(int *a)
{   b += *a; return(b); }
int main(void)
{
    int a = 2, res = 2;
    res += func(&a);
    printf("%d \n",res);
    return 0;
}
```

三、填空题

1. 以下函数用来求出两整数之和,并通过形参将结果传回。

```
void func(int x,int y,____①____)
    { *z = x + y; }
```

2. 设函数 findbig 已定义为求 3 个数中的最大值。以下程序将利用函数指针调用
findbig 函数。

```
int main(void)
{
    int findbig(int,int,int);
    int (*f)(int,int,int),x,y,z,big;
```

```
    f = ___①___ ;
    scanf(" % d % d % d",&x,&y,&z);
    big = ( * f)(x,y,z);
    printf("big = % d\n",big);
    return 0;
}
```

3. 定义 compare(char * s1, char * s2)函数,以实现比较两个字符串大小的功能(注:字符串 1 与字符串 2 比较时,若大于后者,则返回正数;若相等,则返回 0;若小于后者,则返回负数)。

```
# include < stdio. h >
int compare(char * s1, char * s2)
{   while( * s1&& * s2&& ___①___ )
    {   s1++; ___②___ ; }
    return ___③___ ;
}
int main(void)
{   printf(" % d\n",compare("abCd","abc"));
    return 0; }
```

4. 下面程序的功能是将十进制正整数转换成十六进制数。

```
int main(void)
{
    int a,i;
    char s[20];
    void c10_16(char * ,int );
    printf("Input a:\n");
    scanf(" % d",&a);
    c10_16(s,a);
    for(i = ___①___ ;i > = 0;i -- )
        printf(" % c", * (s + i));
    printf("\n");
    return 0;
}
void c10_16(char * p,int b)
{
    int j;
    while(b > 0)
    {
        j = b % 16;
        if( ___②___ ) * p = j + 48;
        else * p = j + 55;
        b = b/16;
        ___③___ ;
    }
    * p = '\0';
}
```

5. 下面程序的功能是利用插入排序法对 10 个数从大到小进行排序。插入法的思路是：先对数组的头两个数进行排序,然后根据前两个元素的情况把第 3 个元素插入,依次插入第 4 个、第 5 个……。

```
void sort(int * p,int n)
{
    int x,i,j;
    for (i = 1;i < n;i++)
    {        ①      ;
        j = i - 1;
        while(j > = 0&&x > * (p + j))
        {
            * (p + j + 1) = * (p + j);
                 ②      ;
        }
        * (p + j + 1) = x;
    }
}
int main(void)
{
    int a[10],i;
    printf("\nEnter 10 num:\n");
    for(i = 0;i < 10;i++) scanf(" % d",(a + i));
    sort(a,10);
    for(i = 0;i < 10;i++) printf(" % 4d",a[i]);
    printf("\n");
    return 0;
}
```

四、编程题

1. 编写程序,将字符串中从第 m 个字符开始的全部字符复制成另一个字符串。要求在主函数中输入字符串及 m 的值并输出复制结果,在被调用函数中完成复制。

2. findmax()函数用来找出数组中的最大元素及其下标和地址值,请编写 findmax()函数。

```
# include < stdio. h >
int * findmax( int * s,int t,int * k)
{…}
int main(void)
{
    int a[10] = {12,23,34,45,56,67,78,89,11,22},k, * add;
    add = findmax(a,10,&k);
    printf(" % d, % d, % o\n",a[k],k,add);
    return 0;
}
```

3. 函数 process 是一个可对两个整型数 a 和 b 进行计算的通用函数。函数 max()可求两个数中的较大者;函数 min()可求两个数中的较小者。若已有主函数,请编写 max()、min()以及 process()函数。主函数如下:

```
int main(void)
    {
```

```
    int a,b,max(int,int),min(int,int);
    void process(int,int,int ( * fun)(int,int));
    scanf(" % d, % d",&a,&b);
    process(a,b,max);
    process(a,b,min);
    return 0;
}
```

1.9.2 参考答案

一、单项选择题

1. A   2. B   3. C   4. B   5. B   6. D   7. B   8. B   9. C

10. D   11. B   12. A   13. C   14. A   15. A   16. C   17. D   18. D

19. D   20. D

二、读程序,写结果

1. 80,—20

2. 3

3. abcDDefgfgDe

4. 3 6

5. 6

三、填空题

1. ① int * z；

2. ① findbig

3. ① * s1== * s2   ② s2++   ③ * s1— * s2

4. ① strlen(s)—1   ② j<10   ③ p++

5. ① x= * (p+i)   ② j——

四、编程题

1. 参考程序

```
# include < stdio. h>
void copy( char * s2,char * s1)
{
    while( * s1!= '\0')
    {   * s2 = * s1;
    s1++;s2++; }
    * s2 = '\0';
}
int main(void)
{
    char str1[80],str2[80];
    int m;
    gets(str1);
    printf("input num m > 0 and < 80\n");
    scanf(" % d",&m);                    //输入位置 m
    copy(str2, str1 + m - 1);            //将 str1 中从第 m 个字符开始的字符复制到 str2 中
```

```
    printf("%s\n%s\n",str1,str2);
    return 0;
}
```

2. 参考程序

```
int * findmax(int * s,int t,int * k)
{
    int i;
    * k = 0;
    for(i = 1;i < t;i++)
        if(s[i]> s[* k]) * k = i;
    return &s[* k];
}
```

3. 参考程序

```
# include < stdio. h>
int max(int x,int y)
{
    printf("max = ");
    return(x > y?x:y);
}
int min(int x,int y)
{   printf("min = ");
    return(x < y?x:y);
}

void process(int x,int y,int(* fun)(int,int))
{
    int result;
    result = (* fun)(x,y);
    printf("%d\n",result);
}
```

1.10 构造数据类型习题及参考答案

1.10.1 习题

一、单项选择题

1. 设有说明语句:

```
struct ex
{int x;float y;char z;}example;
```

以下叙述中不正确的是_____。

  A. struct 是结构体类型的关键字   B. example 是结构体类型名

  C. x,y,z 都是结构体成员名   D. struct ex 是结构体类型名

2. 以下叙述中正确的是_____。

    A. 结构体类型中各个成员的类型必须是一致的

    B. 结构体类型中的成员只能是 C 语言中预先定义的基本数据类型

    C. 在定义结构体类型时,编译程序就为它分配了内存空间

    D. 一个结构体类型可以由多个成员组成

3. 以下程序段的输出结果是_____。

```
struct abc
   {int a,b,c;}s[2] = {{1,2,3},{4,5,6}};
int t;
t = s[0].a + s[1].b;
printf("\n%d",t);
```

    A. 5   B. 6   C. 7   D. 8

4. 以下程序段的输出结果是_____。

```
struct s{int a,b;}data[2] = {10,100,20,200};
struct s p = data[1];
printf("%d\n",++(p.a));
```

    A. 10   B. 11   C. 20   D. 21

5. 有以下定义:

```
struct person
{
    char name[9];
    int age;
};
struct person stu[10] = {"Johu",17,"Paul",19,"Mary",18,"Adam",16};
```

下面能输出字母 M 的语句是_____。

    A. printf("%c", stu[3].name);   B. printf("%c", stu [3].name[1]);

    C. printf("%c", stu[2].name[1]);   D. printf("%c", stu[2].name[0]);

6. 以下对 exam1 成员 std 引用不正确的是_____。

```
struct example
{
    int std;
    float std1;
}exam1, * p = &exam1;
```

    A. exam1.std   B. * p.std   C. p-> std   D. (* p).std

7. 有以下定义:

```
struct workers
  {
    int num; char name[20]; char c;
    struct  {int day; int month; int year;}s;
  };
struct workers w, * pw;
```

```
pw = &w;
```

下面能给变量 w 中 year 成员赋值 1980 的语句是_____。

    A. * pw. year＝1980;   B. w. year＝1980;

    C. pw-> year＝1980;   D. w. s. year＝1980;

8. 若有以下定义:

```
struct tt{char name[10];char sex;}aa = {"aaaa",'F'}, * p = &aa;
```

则错误的语句是_____。

    A. scanf("%c", aa. sex);   B. aa. sex＝getchar();

    C. printf("%c\n",(* p). sex);   D. printf("%c\n", p-> sex);

9. 有以下定义,则表达式中值为 1002 的是_____。

```
struct s
 {
  int num;
  int age;
 };
struct s a[3] = {1001,20,1002,19,1003,21},  * ptr;
ptr = a;
```

    A. ptr＋＋-> num   B. (ptr＋＋)-> age

    C. (* ptr). num   D. (* ＋＋ptr). num

10. 有以下定义:

```
struct {int a; char * s;}x, * p = &x;
x. a = 4;
x. s = "hello";
```

则以下叙述中正确的是_____。

    A. (p＋＋)-> a 与 * (p＋＋)-> a 都是合法的表达式

    B. 语句"＋＋p-> a;"的效果是使 p 增 1

    C. 语句"＋＋p-> a;"的效果是使成员 a 增 1

    D. 语句" * p-> a＋＋;"等价于"(* p)-> s＋＋;"

11. 为了建立如图 1-4 所示的存储结构,则在下画线处应填入的选项是_____。

data	next

图 1-4　结点存储结构

```
struct node{char data; _____};
```

    A. node next;   B. struct node * next;

    C. node * next;   D. struct node next;

12. 现有以下定义,要使指针 p 指向一个具有 struct node 类型的动态存储空间,则应填入的选项是_____。

```
struct node{int data;struct node * next;} * p;
p = (_____)malloc(sizeof(struct node));
```

    A. struct node   B. node *

    C.（＊struct node）   D. struct node ＊

13. 已知有以下结构体和变量定义：

```
struct ss
{
    int date;
    struct ss * next;
}a = {70,NULL},b = {80,NULL};
```

若要 a 变量的 next 成员存放 b 变量的地址，则可实现该功能的语句是_____。

    A. a.next＝b   B. a.next＝＆b

    C. a-> next＝＆b   D.（＊a）.next＝＆b

14. 已知有以下结构体和变量定义（指针 p,s 分别指向如图 1-5 所示的结点）：

```
struct node
{
    int date;
    struct node * next;
} * p, * s;
```

图 1-5　链表

则能将 s 所指结点插入到链表末尾的语句组是_____。

    A. p＝p-> next; s-> next＝p; p-> next＝s;

    B. s-> next＝NULL; p＝p-> next; p-> next＝s;

    C. s-> next＝p; p＝p-> next; p-> next＝s;

    D. p＝（＊p）.next; p＝s-> next;（＊p）.next＝s;

15. 若有以下定义（程序中已构成如图 1-6 所示的单向链表结构）：

```
struct node
{
    int num;
    char name[10];
    struct node * next;
} a, b, c, * p, * q;
```

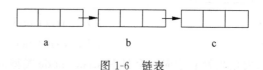

图 1-6　链表

若指针 p 指向结点 a,q 指向结点 b,则能够删除 b 结点的语句组是_____。

    A. a.next＝c;free(q);   B. p-> next＝q-> next; free(q);

    C. p-> next＝＆c; q-> next＝p-> next;   D.（＊p）.next＝q;（＊q）.next＝＆b;

16. 有以下定义,程序中已构成单向链表结构,指针 p、q、r 分别指向如图 1-7 所示的链表中连续的 3 个结点。

```
struct node
{
  char data;
  struct node * next;
} * p, * q, * r;
```

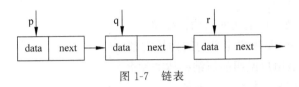

图 1-7　链表

现要将 q 和 r 所指结点交换前后位置,同时要保持链表的连续,以下不能完成此操作的语句组是_____。

  A. q-> next＝r-> next; p-> next＝r; r-> next＝q;

  B. q-> next＝r; q-> next＝r-> next; r-> next＝q;

  C. q-> next＝r-> next; r-> next＝q; p-> next＝r;

  D. r-> next＝q; p-> next＝r; q-> next＝r-> next;

17. 程序中已构成如图 1-8 所示的单向链表结构,指针变量 s、p、q 均已正确定义,指针变量 s 作为头指针,总是指向链表的第一个结点。

图 1-8　链表

若有以下程序段:

```
q = s;s = s-> next; p = s;
while(p-> next)p = p-> next;
p-> next = q; q-> next = NULL;
```

该程序段实现的功能是_____。

  A. 首结点成为尾结点   B. 尾结点成为首结点

  C. 删除首结点   D. 删除尾结点

18. 以下程序段的输出结果是_____。

```
enum days
{MON = 1,TUE,WED,THU,FRI,SAT,SUN};
enum days today, tomorrow;
today = SAT;
tomorrow = (enum days)((today + 2) % 7);
printf(" % d\n",tomorrow);
```

  A. 0   B. 1   C. MON   D. 编译时出错

19. 设有如下语句：

```
typedef struct date
{
   int year;
   int month;
   int day;
}DATE;
```

则以下叙述错误的是_____。

    A. DATE 是用户定义的结构体变量

    B. struct date 是用户定义的结构体类型

    C. DATE 是用户说明的新结构体类型名

    D. struct 是结构体类型关键字

20. 设有如下说明：

```
typedef struct std
{
   int n;
   char c;
   double x;
}STD;
```

则以下选项中,正确的是_____。

    A. STD tt[2]={{1,'A',62},{2,'B',75}};

    B. STD tt[2]={{1,"A",62},{2,"B",75}};

    C. std tt[2]={{1,'A'},{2,'B'}};

    D. struct std tt[2]={{1,"A",62.5},{2,"B",75.0}};

二、读程序,写结果

1. 以下程序的输出结果是_____。

```
#include<stdio.h>
int main(void)
{
   struct cmplx
   {
   int x;
   int y;
   }c[2]={1,3,2,7};
   printf("%d\n",c[0].y/c[0].x*c[1].x);
   return 0;
}
```

2. 以下程序的输出结果是_____。

```
#include<stdio.h>
int main(void)
{
   struct node{int a; struct node *next;} *p;
```

```
struct node x[3] = {{2, x + 1}, {4, x + 2}, {6, NULL}};
p = x; printf("%d,", p -> a);
printf("%d\n", p -> next -> a);
return 0;
}
```

3. 以下程序的输出结果是_____。

```
#include<stdio.h>
#include<stdlib.h>
struct NODE
{
    int num;
    struct NODE * next;
};
int main(void)
{
    struct NODE * p, * q, * r;
    p = (struct NODE * )malloc(sizeof(struct NODE));
    q = (struct NODE * )malloc(sizeof(struct NODE));
    r = (struct NODE * )malloc(sizeof(struct NODE));
    p -> num = 10; q -> num = 20; r -> num = 30;
    p -> next = q; q -> next = r;
    printf("%d\n", p -> num + q -> next -> num);
    return 0;
}
```

4. 以下程序的输出结果是_____。

```
#include<stdio.h>
#include<string.h>
typedef struct
    {
        char name[10];
        char sex;
        float score[2];
    }STU;
void f(STU * a)
{
    STU b = {"Zhao", 'm', 85.5, 90.7};
    int i;
    strcpy(a -> name, b.name);
    a -> sex = b.sex;
    for(i = 0; i < 2; i++)   a -> score[i] = b.score[i];
}
int main(void)
{
    STU c = {"Qian", 'f', 95.6, 92.8}, * p = &c;
    f(p);
    printf("%s, %c, %.1f, %.1f\n", p -> name, p -> sex, p -> score[0], p -> score[1]);
    return 0;
}
```

5. 以下程序的输出结果是_____。

```c
#include <stdio.h>
struct pair
  {
    int first, second;
  };
struct pair get_min_max(int * array, int len)
{
  int i;
  struct pair res;
  res.first = array[0];
  res.second = array[0];
  for(i = 1; i < len; i++)
  {
      if(array[i] < res.first)
        res.first = array[i];
      if(array[i] > res.second)
    res.second = array[i];
  }
  return res;
}
int main(void)
{
  int array[6] = {19, 21, 3, 4};
  struct pair min_max = get_min_max(array, 6);
  printf("min = % d, max = % d\n", min_max.first, min_max.second);
  return 0;
}
```

三、填空题

1. 以下 fun 函数的功能是：统计 person 结构体数组中所有性别(sex)为 M 的记录的个数，存入变量 n 中，并作为函数值返回。

```c
#include <stdio.h>
#define N 3
typedef struct
{
  int num; char nam[10]; char sex;
}SS;
int fun(SS person[])
{
  int i, n = 0;
  for(i = 0; i < N; i++)
    if(_____①_____ == 'M')n++;
  return n;
}
```

2. 程序通过结构体数组存储了 n 名学生的学号、姓名和 3 门课的成绩。以下 fun 函数的功能是：将姓名按照字典序(拼音字母升序)排列。

```c
#include <stdio.h>
#include <string.h>
```

```
struct student
{
  long sno;
  char name[10];
  float score[3];
};
void fun(struct student a[], int n)
{
    ____①____ t;
  int i, j;
  for(i = 0; i ___②___ ; i++)
    for(j = i + 1; j < n; j++)
      if(strcmp( ___③___ ) > 0)
        {t = a[i]; a[i] = a[j]; a[j] = t;}
}
```

3. 已知 head 指向一个单向链表的表头,链表中每个结点包含数据域(data)和指针域(next),数据域为整型。以下 sum 函数功能是:求出链表中所有结点数据域值的和,作为函数值返回。

```
struct node
{
    int data;
    struct node * next;
};
int sum( ___①___ )
{
  struct node * p;
  int s = 0;
  p = head;
  while(p)
  {
    s += ___②___ ;
    p = ___③___ ;
  }
  return(s);
}
...
int main(void)
{
  struct node * head;
  int s;
    ...
  s = sum(head);          / * head 指向已知单向链表的表头 * /
    ...
  return 0;
}
```

4. 以下程序的功能是:读入一行字符(如"hello"),以按 Enter 键作为结束标志,按输入时的逆序建立一个链表(即先输入的位于链表尾),然后输出此链表,并释放全部结点。

```c
#include <stdio.h>
#include <stdlib.h>
#define getnode(type) (struct node *)malloc(sizeof(type))
struct node
{
    char info;
    struct node * next;
};
int main(void)
{
    struct node * top, * p;
    char c;
    top = NULL;
    while((c = getchar())    ①    )
    {
        p = getnode(struct node);
        p -> info = c;
        p -> next = top;
        top = p;
    }
    while(top)
    {
        ____②____ ;
        top = top -> next;
        putchar(p -> info);
        ____③____ ;
    }
    printf("\n");
    return 0;
}
```

四、编程题

1. 完成基于结构体数组的学生成绩处理程序。定义学生结构体数组 stu[5]，每个学生信息由学号、姓名、性别和一门课的成绩组成。实现以下函数功能，在 main 函数中调用。

(1) 函数 ave()的功能是：统计不及格学生人数并输出其信息，同时返回该门课程平均成绩。

(2) 函数 fun()的功能是：把高于平均分数的学生数据放在 b 所指的数组中，并把高于平均分的人数通过形参 n 传回主函数，在主函数中输出高于平均分数的学生信息。

(3) 函数 search()的功能是：查找指定姓名的学生，输出该学生全部信息。指定的姓名在主函数中输入、输出。若没有找到指定姓名，在结构体变量中给学号置-1，姓名置空串，成绩置-1，作为函数值返回。

2. 建立一个带有头结点的单向链表，链表中的每个结点包含整型数据域和指针域，结点中的数据通过键盘输入，当输入数据为-1 时，表示输入结束(链表头结点的数据域中不放数据)。编写函数，完成如下功能。

(1) 输出链表中的数据。

(2) 将链表进行逆转。

（3）通过键盘输入一个整数 i，删除链表中值为 i 的结点。

1.10.2 参考答案

一、单项选择题

1. B　　2. D　　3. B　　4. D　　5. D　　6. B　　7. D　　8. A　　9. D

10. C　　11. B　　12. D　　13. B　　14. B　　15. B　　16. B　　17. A　　18. B

19. A　　20. A

二、读程序，写结果

1. 6

2. 2,4

3. 40

4. Zhao,m,85.5,90.7

5. min=0,max=21

三、填空题

1. ① person[i].sex

2. ① struct student　　② <n-1　　③ a[i].name,a[j].name

3. ① struct node * head　　② p-> idata　　③ p-> next

4. ① != '\n'　　② p=top　　③ free(p)

四、编程题

1. 参考程序

```
#include <stdio.h>
#include <string.h>
#define N 5
struct student
{
  int num;
  char name[15];
  char sex;
  float score;
};
int c = 0;
/* 返回平均分,输出不及格学生的人数及信息 */
float ave(struct student st[])
{
  int i;
  float s = 0;
  for(i = 0;i < N;i++)
    {
      s += st[i].score;
      if(st[i].score < 60)
        {
            c += 1;
            printf("%3d,%5d%12s%4c%8.2f\n",c,st[i].num,st[i].name,\
                    st[i].sex,st[i].score);
```

```
        }
     }
   return s/N;
}
```

/* 把高于或等于平均分数的学生数据放在 b 所指向的数组中,并把人数通过形参 n 传回 */

```
void fun(struct student * a, struct student * b, int * n, float t)
{
   int i;
    * n = 0;
   for(i = 0; i < N; i++)
      if(a[i]. score > t)b[( * n)++] = a[i];
}
```

/* 查找指定姓名的学生 */

```
struct student search(struct student * a, char * b)
 {
   struct student cs;
   int i;
   cs. num = - 1;
   cs. name[0] = '\0';
   cs. score = - 1;
   for(i = 0; i < N; i++)
      if(strcmp(a[i]. name, b) == 0)
        {
           strcpy(cs. name, a[i]. name);
           cs. score = a[i]. score;
           cs. num = a[i]. num;
           break;
        }
   return cs;
}
int main(void)
{
   struct student st, stu1[N], stu[5] = {
        {101,"Liming", 'F',45},
        {102,"Zhangping", 'M',62.5},
        {103,"Hefang", 'F',92.5},
        {104,"Chengling", 'F',87},
        {105,"Wangmi", 'M',58}
};
float aver;
char sname[15];
int i,n;
aver = ave(stu);
printf("The number of students who failed the examination: % 2d\n",c);
printf("average: % 6. 2f\n",aver);
fun(stu, stu1, &n, aver);              //返回高于平均分的学生人数
printf("The number of students whose score is above the average score\
                                   is % d:\n",n);
for(i = 0; i < n; i++)
   printf(" % 5d, % - 12s, % 5. 2f\n", stu1[i]. num, stu1[i]. name, stu1[i]. score);
printf("Please enter the name to find:\n");
```

```c
gets(sname);
st = search(stu, sname);                    //返回查找指定姓名的学生
printf("%d, %s, %.2f\n", st.num, st.name, st.score);
return 0;
}
```

2. 参考程序

```c
#include <stdio.h>
#include <stdlib.h>
struct node
{
    int num;
    struct node * next;
};
struct node * creat()
{
  int n;
  struct node * head, * new1;          //new1 为新生成的结点指针,head 为链表的头指针
  struct node * p;                     //p 为表尾指针
  head = (struct node * )malloc(sizeof(struct node));
  p = head;                            //生成第一个结点即头结点
  if(head!= NULL)
    head -> next = NULL;
  else
  {
    printf("Application for memory failure!\n");
    exit(1);
  }
  printf("Please enter the data, end with -1\n");
  scanf("%d", &n);
  while(n!= -1)
  {
    new1 = (struct node * )malloc(sizeof(struct node));
    if(new1!= NULL)
    {
     new1 -> num = n;
     p -> next = new1;                 //新结点连在表尾
     p = new1;                         //新结点为表尾结点
    }
    else
    {
      printf("Application for memory failure!\n");
      exit(1);
    }
    p -> next = NULL;                   //表尾置 NULL
    scanf("%d", &n);
  }
  return head;
}
struct node * delet(struct node * head, int n)
```

```c
{
    struct node * p, * q;
    q = head;
    while(q!= NULL&&q - > num!= n)
      {
        p = q;
        q = q - > next;                     //查找待删结点 q
      }
    if(q == NULL)
      printf(" % d has not been found\n",n);  //没找到待删结点
    else
      {
        p - > next = q - > next;            //删除结点 q
        free(q);
      }
    return head;
}
void display(struct node * head)
{
    struct node * p;
    p = head - > next;
    while(p!= NULL)
      {
        printf(" % d - - >",p - > num);
        p = p - > next;
      }
    printf("NULL\n");
}
void change(struct node * head)         //将头指针为 head 的链表进行逆转
{
    struct node * p, * q, * s;
    p = head - > next;
    while(p - > next!= NULL)
      {
        q = p - > next;
        p - > next = q - > next;
        s = head - > next;
        head - > next = q;
        q - > next = s;
      }
}
int main(void)
{
    struct node * head;
    int i;
    head = creat();                     //建立链表并返回头指针
    display(head);                      //输出链表
    change(head);                       //将链表进行逆转
    display(head);
    printf("Please enter the data to be deleted \n");
    scanf(" % d",&i);
```

```
        head = delet(head,i);              //在链表中删除成员 num 的值为 i 的结点
        display(head);
        return 0;
    }
```

1.11   文件习题及参考答案

1.11.1   习题

一、单项选择题

1. 有如下程序,若文本文件 f1. txt 中原有内容为 good,则运行以下程序后文件 f1. txt 中的内容为_____。

```
# include < stdio. h >
int main(void)
{
    FILE  * fp1;
    fp1 = fopen("f1. txt","w");
    fprintf(fp1,"abc");
    fclose(fp1);
    return 0;
}
```

  A. abcd   B. abcgood   C. goodabc   D. abc

2. 使用 fopen()以文本方式打开或建立可读可写文件,要求:若指定的文件不存在,则新建一个文件,并使文件指针指向其开头;若指定的文件存在,则打开它,将文件指针指向其结尾。则正确的"文件使用方式"描述是_____。

  A. "r+"   B. "w+"   C. "a+"   D. "a"

3. 以下可作为函数 fopen 中第一个参数的正确格式是_____。

  A. c:user\text. txt   B. c:\user\text. txt

  C. "c:\user\text. txt"   D. "c:\\user\\text. txt"

4. 若有定义"int a[5];",fp 是指向某一已经正确打开的文件的指针,下面的函数调用形式中不正确的是_____。

  A. fread(a[0],sizeof(int),5,fp);   B. fread(&a[0],5 * sizeof(int),1,fp);

  C. fread(a,sizeof(int),5,fp);   D. fread(a,5 * sizeof(int),1,fp);

5. 以下与函数 fseek(fp,0L,SEEK_SET)有相同作用的是_____。

  A. feof(fp)   B. ftell(fp)   C. fgetc(fp)   D. rewind(fp)

6. fseek(fd,—10L,1)中的 fd 和 1 分别为_____。

  A. 文件指针、文件的开头   B. 文件指针、文件的当前位置

  C. 文件号、文件的当前位置   D. 文件号、文件的开头

7. C 语言标准输入文件 stdin 是指_____。

  A. 键盘   B. 显示器   C. 鼠标   D. 硬盘

8. 有如下程序：

```
#include <stdio.h>
#include <stdlib.h>
int main(void)
{
    int a1 = 1,b1 = 2,a2,b2;
    float x1 = 1.234,x2;
    FILE * fp;
    if((fp = fopen("file1.dat","wb+")) == NULL)
        exit(1);
    fprintf(fp,"%d,%d,%.2f",a1,b1,x1);
    rewind(fp);
    fscanf(fp,"%d,%d,%f",&a2,&b2,&x2);
    printf("%d,%d,%.2f",a2,b2,x2);
    fclose(fp);
    return 0;
}
```

若文件 file1.dat 原本并不存在,则下面说法中正确的是_____。

    A. 输出结果为 1,2,1.23

    B. 仅 fprintf()语句不能正确执行

    C. 仅 fscanf()语句不能正确执行

    D. fprintf()语句和 fscanf()都不能正确执行,应该将 fopen()语句中的"wb+"改为"w+"

9. 设有以下结构体类型：

```
struct st
{   char name[8];
    int num;
    float s[4];
}student[50];
```

结构体数组 student 中的元素都已有值,若要将这些元素写到硬盘文件中,以下不正确的形式是_____。

    A. fwrite(student,sizeof(struct st),50,fp);

    B. fwrite(student,50 * sizeof(struct st),1,fp);

    C. fwrite(student,25 * sizeof(struct st),25,fp);

    D. for(i=0; i<50; i++) fwrite(student+i,sizeof(struct st),1,fp);

10. 读取二进制文件的函数调用形式为"fread(buffer,size,count,fp);",其中 buffer 代表的是_____。

    A. 一个内存块的字节数

    B. 一个整型变量,代表待读取的数据的字节数

    C. 一个内存块的首地址,代表读入数据存放的地址

    D. 文件指针,指向待读取的文件

11. C 语言库函数 fgets(str,n,fp)的功能是_____。

    A. 从文件 fp 中读取长度为 n 的字符串存入 str 指向的内存

B. 从文件 fp 中读取长度不超过 n−1 的字符串存入 str 指向的内存

C. 从文件 fp 中读取 n 个字符串存入 str 指向的内存

D. 从字符串 str 读取至多 n 个字符到文件 fp

12. 以下程序要把从键盘输入的字符输出到名为 abc. txt 的文件中,直到从键盘读入字符"♯"时结束输入和输出操作,但程序有错。

```
# include < stdio. h >
int main(void)
{
    FILE * fout; char ch;
    fout = fopen('abc.txt', 'w');
    ch = fgetc(stdin);
    while(ch!= '♯')
    {   fputc(ch,fout);
        ch = fgetc(stdin);
    }
    fclose(fout);
    return 0;
}
```

出错的原因是_____。

    A. 函数 fopen 调用形式有误　　　　B. 输入文件没有关闭

    C. 函数 fgetc 调用形式有误　　　　D. 文件指针 stdin 没有定义

二、读程序,写结果

1. 以下程序执行后,abc. dat 文件的内容是_____。

```
# include < stdio. h >
int main(void)
{
    FILE * fp;
    char * s1 = "China", * s2 = "Beijing";
    fp = fopen("abc.dat","wb + ");
    fwrite(s2,7,1,fp);
    rewind(fp);
    fwrite(s1,5,1,fp);
    fclose(fp);
    return 0;
}
```

2. 以下程序运行后的输出结果是_____。

```
# include < stdio. h >
int main(void)
{
    FILE * fp;
    fp = fopen("filea.txt","w");
    fprintf(fp,"abc");
    fclose(fp);
    return 0;
```

```
}
```

3. 以下程序运行后,文件 t1. txt 中的内容为_____。

```
# include < stdio. h>
void writestr(char * fn,char * str)
{
    FILE * fp;
    fp = fopen(fn,"w");
    fputs(str,fp);
    fclose(fp);
}
int main(void)
{
    writestr("t1.txt","start");
    writestr("t1.txt","end");
    return 0;
}
```

4. 磁盘当前目录下有文件名为 a. txt、b. txt、c. txt 的三个文本文件,文件中的内容分别为 aaaa#、bbbb# 和 cccc#,执行以下程序后将输出_____。

```
# include < stdio. h>
# include < stdlib. h>
void fe(FILE * ifp);
int main(void)
{
    FILE * fp;
    int i = 3;
    char fname[ ][10] = {"a.txt","b.txt","c.txt"};
    while( -- i > = 0)
    {
        if((fp = fopen(fname[i],"r")) == NULL)
        {  printf("can not open this file!\n");
            exit(1);
        }
        fe(fp);
        fclose(fp);
    }
    return 0;
}
void fe(FILE * ifp)
{
    char c;
    while((c = fgetc(ifp))!= '#')
    {
        putchar(c - 32);
    }
}
```

5. 以下程序运行后的输出结果是_____。

```
#include<stdio.h>
int main(void)
{
    FILE * fp;
    int a[10] = {1,2,3,0,0},i;
    fp = fopen("d2.dat","wb");
    fwrite(a,sizeof(int),5,fp);
    fwrite(a,sizeof(int),5,fp);
    fclose(fp);
    fp = fopen("d2.dat","rb");
    fread(a,sizeof(int),10,fp);
    fclose(fp);
    for(i = 0;i<10;i++) printf("%d,",a[i]);
    return 0;
}
```

三、填空题

1. 一般来说,操作系统对外部存储介质上的数据的管理是以_____①_____为单位的,并且将所有的与主机相连的输入/输出设备都看作_____②_____。

2. 使用 FILE 定义一个文件指针(FILE * fp),再执行语句 fp=fopen(文件名,文件的使用方式),此时,文件指针 fp 实际上是指向一个_____①_____类型的变量。

3. 关闭文件的函数 fclose()若顺利地执行,返回的值为_____①_____,否则返回的值为_____②_____。若使用结束时不关闭文件,可能出现的问题是_____③_____。

4. 下面程序的功能是将从键盘上读入的 10 个整数以二进制方式写入名为 bi.dat 的新文件中。

```
#include<stdio.h>
#include<stdlib.h>
int main(void)
{
    FILE * fp;
    int i,j;
    if((fp = fopen(____①____,____②____)) == NULL)
      exit(1);
    for(i = 0;i<10;i++)
    {   scanf("%d", &j);
        fwrite(____③____,sizeof(int),1,____④____);
    }
    fclose(fp);
    return 0;
}
```

5. 将磁盘中的一个文件复制到另一个文件中,两个文件名已在程序中给出。

```
#include<stdio.h>
#include<stdlib.h>
int main(void)
```

```
{
    FILE * f1, * f2;
    char ch;
    if((f1 = fopen("file1.txt","r")) == NULL)
      exit(1);
    if((f2 = fopen("file2.txt",    ①    )) == NULL)
      exit(1);
    ch = fgetc(f1);
    while(    ②    )
    {    ③    ;
      ch = fgetc(f1);
    }
       ④    ;
    fclose(f2);
    return 0;
}
```

四、编程题

1. 从键盘输入一个字符串，将其中的小写字母转换成大写字母，然后输出到磁盘文件 test.txt 中保存。输入的字符串以"!"结束。

2. 将键盘默认位置上的 3 排共 26 个英文小写字母从任意一排开始输入，然后按顺序写入文件 result.txt 中。

3. 有 5 个学生，每个学生有 3 门课的成绩，从键盘上输入数据（包括学号、姓名、3 门课成绩），将原有的数据和计算出的平均分数存放在磁盘文件 stud.txt 中。

1.11.2 参考答案

一、单项选择题

1. D　　2. C　　3. D　　4. A　　5. D　　6. B　　7. A　　8. A　　9. C
10. C　　11. B　　12. A

二、读程序，写结果

1. Chinang　　2. abc　　3. end　　4. CCCCBBBBAAAA
5. 1,2,3,0,0, 1,2,3,0,0,

三、填空题

1. ① 文件　　　　② 文件

2. ① 结构体

3. ① 0　　　　② EOF　　　　③ 丢失数据

4. ① "bi.dat"　　② "wb"　　③ &j　　　　④ fp

5. ① "w"　　　② !feof(f1)　　③ fputc(ch,f2)　　④ fclose(f1)

四、编程题

1. 参考程序

```
# include < stdio.h >
# include < stdlib.h >
int main(void)
```

```c
{
    FILE * fp;
    char ch;
    if((fp = fopen("test.txt","w")) == NULL)
    {
        printf("Can't open file.");
        exit(1);
    }
    while((ch = getchar())!= '!')
    {
        if(ch > = 'a'&&ch < = 'z')
            ch = ch - 32;
        fputc(ch,fp);
    }
    fclose(fp);
    return 0;
}
```

2. 参考程序

```c
#include < stdio.h >
#include < stdlib.h >
int main(void)
{
    FILE * fp;
    char ch[26],temp;
    int i,j;
    if((fp = fopen("result.txt","w")) == NULL)
    {   printf("Can't open file.");
        exit(1);
    }
    gets(ch);
    for(i = 0;i < 26;i++)
      for(j = 0;j < 25 - i;j++)
        if(ch[j + 1]< ch[j])
        {temp = ch[j];ch[j] = ch[j + 1];ch[j + 1] = temp;}
    for(i = 0;i < 26;i++)
      fputc(ch[i],fp);
    fclose(fp);
    return 0;
}
```

3. 参考程序

```c
#include < stdio.h >
#include < stdlib.h >
struct student
{   int num;
    char name[10];
    int score[3];
    float ave;
}stu[5], * p;
```

```
int main(void)
{
    FILE * fp;
    int i;
    p = stu;
    if((fp = fopen("stud.txt","w")) == NULL)
    {   printf("Can't open file.");
        exit(1);
    }
    printf("please input the data:\n");
    for(i = 0;i < 5;i++,p++)
      scanf("%d%s%d%d%d",&p->num, p->name,&p>score[0],\
      &p->score[1],&p->score[2]);
    p = stu;
    fprintf(fp,"学号\t 姓名\t 成绩 1\t 成绩 2\t 成绩 3\t 平均成绩\n");
    for(i = 0;i < 5;i++,p++)
    {   p->ave = (p->score[0] + p->score[1] + p->score[2])/3.0;
        fprintf(fp,"%d\t%s\t%d\t%d \t%d\t%.2f \n", p->num,p->name,\
        p->score[0], p->score[1], p->score[2],p->ave);
    }
    fclose(fp);
    return 0;
}
```

1.12   模拟练习 1 习题及参考答案

1.12.1   习题

一、单项选择题

1. 结构化程序所要求的基本结构不包括_____。

    A. 顺序结构   B. GOTO 跳转

    C. 选择(分支)结构   D. 循环结构

2. 在 C 语言中,合法的字符常量是_____。

    A. '\018'   B. '\\'   C. 'ab'   D. "\0"

3. 设有语句"int a=3;",则执行语句"a+=a-=a*a"后,变量 a 的值是_____。

    A. 3   B.0   C. 9   D. -12

4. 有以下函数调用语句:

scanf("%d,%d",&x,&y);

要使变量 x 被赋值为 486,变量 y 被赋值为-286,则正确的输入是_____。

    A. 486,-286✓   B. 486␣-286✓   C. 486✓-286✓   D. 123;456✓

5. 能正确表示 x 在 10 到 100 之间(包含 10 和 100)的 C 语言逻辑表达式是_____。

    A. 10<=x<=100   B. x>=10&&x<=100

    C. x>10&&x<100   D. x>=10||x<=100

6. 若有定义"float x；int a,b；"，则正确的 switch 语句是_____。

   A. switch(x)

        {　case 1.0：printf("＊\n")；

           case 2.0：printf("＊　＊\n")；

        }

   B. switch(x)

        {　case 1,2：printf("＊\n")；

           case 3：printf("＊　＊\n")；

        }

   C. switch(a＋b)

        {　case 1：printf("＊\n")；

           case 1＋2：printf("＊　＊\n")；

        }

   D. switch(a)

        {　case b＜1：printf("＊\n")；

           case b＞2：printf("＊　＊\n")；

        }

7. 执行以下程序段后，m 的值是_____。

```
int i,j,m＝1;
for(i＝1;i＜3;i++)
 for(j＝3;j＞0;j--)
 {if(i＊j＞3) break;
 m＊＝i＊j;
 }
```

   A. 4   B. 6   C. 9   D. 10

8. 以下不能正确定义二维数组的语句是_____。

   A. int a[2][2]＝{{1},{2}}；   B. int a[][2]＝{1,2,3,4}；

   C. int a[2][2]＝{{1},2,3}；   D. int a[2][]＝{{1,2},{3,4}}；

9. 函数调用"strcat(strcpy(str1,str2),str3) ；"的功能是_____。

   A. 将字符串 str2 复制到字符串 str1 中，再将字符串 str3 连接到字符串 str1 之后

   B. 将字符串 str1 复制到字符串 str2 中，再连接到字符串 str3 之后

   C. 将字符串 str1 复制到字符串 str2 中，再复制到字符串 str3 之后

   D. 将字符串 str2 连接到字符串 str1 中，再将字符串 str1 复制到字符串 str3 中

10. 以下程序的输出结果是_____。

```
# include < stdio.h >
int d＝1;
int fun(int p)
{
  static int d＝5;
  d ＋＝ p;
  printf(" % d ",d);
  return(d);
}
int main(void)
{
  int a＝3,b;
  b＝a＋fun(d);
  printf(" % d \n", fun(b));
  return 0;
}
```

   A. 6 9 9   B. 6 6 9   C. 6 15 15   D. 6 6 15

11. 以下程序的输出结果是_____。

```
#include<stdio.h>
int main(void)
{
    int w=5;
    void fun(int);
    fun(w);
    printf("\n");
    return 0;
}
void fun(int k)
{   if (k>0) fun(k-1);
    printf(" %d", k);
}
```

    A. 0 1 2 3 4 5   B. 5 4 3 2 1   C. 1 2 3 4 5   D. 5 4 3 2 1 0

12. 以下程序的输出结果是_____。

```
#include<stdio.h>
#define S(x) 4*x*x+1
int main(void)
{
    int k=5,j=2;
    printf(" %d\n",S(k+j));
    return 0;
}
```

    A. 197   B. 143   C. 33   D. 28

13. 若有定义"double (* p1)[N];"，则其中标识符 p1 是_____。

    A. N 个指向 double 型变量的指针

    B. 指向 N 个 double 型变量的函数指针

    C. 一个指向由 N 个 double 型元素组成的一维数组的指针

    D. 具有 N 个指针元素的一维指针数组,每个元素都只能指向 double 型变量

14. 以下程序段的输出结果是_____。

```
char p1[20]="abcd", *p2="ABCD", str[50]="123";
strcpy(str+2,strcat(p1+2,p2+1));
printf(" %s",str);
```

    A. 12abcAB   B. abcABz   C. Ababc3   D. 12cdBCD

15. 以下程序段的输出结果是_____。

```
int a[5]={2,4,6,8,10}, *p, **k;
p=a; k=&p;
printf(" %d", *(p++));
printf(" %d\n", **k);
```

    A. 44   B. 22   C. 24   D. 46

16. 设有以下函数：

void fun(int n,char * s) {⋯}

则下面对函数指针的定义和赋值均正确的是_____。

  A. void (* pf)(int, char *); pf＝fun; B. void * pf()；pf＝fun;

  C. void * pf(); * pf＝fun;   D. void (* pf)(int, char);pf＝&fun;

17. 有以下定义和赋值语句,则下列表达式中值为 1002 的是_____。

```
struct s
{
    int num;
    int age;
};
static struct s a[3] = {1001,20,1002,19,1003,21}, * ptr;
ptr = a;
```

  A. ptr＋＋-> num   B. (ptr＋＋)-> age

  C. (* ptr). num   D. (* ＋＋ptr). num

18. 若有以下语句：

typedef struct s{int g; char h;}T;

以下叙述正确的是_____。

  A. 可用 s 定义结构体变量   B. 可用 T 定义结构体变量

  C. s 是 struct 类型的变量   D. T 是 struct s 类型的变量

19. 以下可作为函数 fopen()中第一个参数的正确格式是_____。

  A. c:user\text. txt   B. c:\user\text. txt

  C. "c:\user\text. txt"   D. "c:\\user\\text. txt"

20. 有以下程序：

```
# include < stdio. h >
# include < string. h >
int main(void)
{
  FILE * fp;
  char s[10] = "abc";
  fp = fopen("f1. txt","w");
  fputs(s,fp);
  rewind(fp);
  fgets(s,strlen(s),fp);
  fclose(fp);
  puts(s);
  return 0;
}
```

若文本文件 f1. txt 中原有内容为 good,则程序执行后,f1. txt 中的内容是_____。

  A. abcd   B. abcgood   C. goodabc   D. abc

二、读程序，写结果

1. 以下程序的输出结果是_____。

```c
#include<stdio.h>
int fun(int * s, int t, int * k)
{
    int i;
    * k = 0;
    for(i = 0;i < t;i++)
        if(s[ * k]< s[ i]) * k = i;
    return s[ * k];
}
int main(void)
{
    int a[10] = {8,7,6,1,3,4,9,3,5,7},k;
    fun(a, 10, &k);
    printf(" % d, % d\n",k,a[k]);
    return 0;
}
```

2. 以下程序的输出结果是_____。

```c
#include<stdio.h>
#include<string.h>
void fun(char * s[ ],int n)
{
    char * t;
    int i,j;
    for(i = 0;i < n - 1;i++)
      for(j = i + 1;j < n;j++)
        if(strlen(s[i])> strlen(s[j]))
        {
            t = s[ i];
            s[ i] = s[ j];
            s[ j] = t;
        }
}
int main(void)
{
    char * ss[ ] = {"bcc","bbcc","xy","aaaacc","aabcc"};
    fun(ss,5);
    printf(" % s, % s\n",ss[0],ss[4]);
    return 0;
}
```

三、程序填空题

1. 程序的功能是：在函数 fun() 中判断字符串是否为回文，若是回文，则在主函数中输出 YES，否则输出 NO。请填空（提示：回文是指正序和逆序都一样的字符串）。

```c
#include<stdio.h>
#include<string.h>
```

```
#define N 81
int fun(char * s, int n)
{
    char * p1, * p2;
    p1 = s;
    p2 = ____①____ ;
    while( p1 < p2 )
    {
        if ( ____②____ ) break;
        else{  p1++;  ____③____ ; }
    }
    if ( ____④____ )
        return 0 ;
    else
        return 1 ;
}
int main(void)
{
    char s[N];
    int y;
    gets(s);
    y = fun( ____⑤____ , strlen(s));
    if (y == 0)
        printf("NO\n");
    else if(y == 1)
        printf("YES\n");
    return 0;
}
```

2. 程序的功能是：分别求二维数组主次对角线元素之和。请填空。

```
#include < stdio. h>
int main(void)
{
    static int a[ ][3] = {9,7,5,1,2,4,6,8};
    int i,j,s1 = 0,s2 = 0;
    for(i = 0; ____①____ ;i++)
      for(j = 0;j < 3;j++)
      {
          if( ____②____ )
              s1 = s1 + a[i][j];
          if( ____③____ )
              s2 = s2 + a[i][j];
      }
    printf(" %d\n%d\n",s1,s2);
    return 0;
}
```

四、编程题

1. 计算序列 $2/1+3/2+5/3+8/5+\cdots$ 的前 N 项之和(提示:该序列从第 2 项起,每一项的分子是前一项分子与分母的和,分母是前一项的分子)。

2. 从键盘输入 10 个正整数，按降序排列，输出排序后的 10 个数。

3. 对任一正整数 $p(p \leqslant 31)$，找出所有不超过 $2^p - 1$ 的梅森素数。编写函数，函数的功能是判断一个数是否是素数，若是则返回 1，否则返回 0。在主函数中输出梅森素数（提示："梅森数"是指形如 $2^p - 1$ 的正整数，以 Mp 记之，即 M$p = 2^p - 1$，其中指数 p 是素数。若 $2^p - 1$ 是素数，则称为梅森素数，即 $2^p - 1$ 型素数）。

4. 从字符串中删除第 i 个字符开始的连续 n 个字符，然后将剩余的字符串输出。

1.12.2 参考答案

一、单项选择题

1. B 2. B 3. D 4. A 5. B 6. C 7. B 8. D 9. A
10. C 11. A 12. C 13. C 14. D 15. C 16. A 17. D 18. B
19. D 20. D

二、读程序，写结果

1. 6,9

2. xy,aaaacc

三、程序填空题

1. ① s+n−1 或 &s[n−1] ② *p1!= *p2 ③ p2−− ④ p1<p2 ⑤ s 或 &s[0]
2. ① i<3 ② i==j 或 j==i ③ i+j==2 或 j==2−i 或 j==3−i−1

四、编程题

1. 参考程序

```c
# include < stdio. h>
# define N 20
int main(void)
 {
    int i;
    float sum = 0.0,a = 2.0,b = 1.0,c,d;
    for(i = 1;i <= N;i++)
     {
       c = a/b;
       sum = sum + c;
       d = a + b;
       b = a;
       a = d;
     }
    printf("sum = % f\n",sum);
    return 0;
}
```

2. 参考程序

```c
# include < stdio. h>
# define N 10
int main(void)
{
```

```
int a[N],t;
int i,j;
for(i = 0;i < N;i++)
    scanf(" % d",&a[i]);
for(i = 0;i < N-1;i++)
   for(j = 0;j < N-i-1;j++)
   {
        if(a[j]< a[j + 1])
      {
            t = a[j];
            a[j] = a[j + 1];
            s[j + 1] = t;
      }
   }
for(i = 0;i < N;i++)
   printf(" % d",a[i]);
return 0;
}
```

3. 参考程序

```
# include < stdio. h >
# include < math. h >
int prime(int n)
{
   int i,k;
   k = (int)sqrt((double)n);
   if(n < 2)
      return 0;
   for(i = 2;i < = k;i++)
   {
      if(n % i == 0)
         return 0;
   }
   return 1;
}
int main(void)
{
    int p,m;
    for(p = 1;p < = 31;p++)
    {
       if(prime(p))
       {
          m = (int)pow(2,p) - 1;
          if(prime(m))                      //m 是素数
             printf("p = % d,Mp = % d\n",p,m);   //输出梅森素数
       }
    }
    return 0;
}
```

4. 参考程序

```
#include<stdio.h>
#include<string.h>
#define N 81
void del(char s[],int k, int m,int n)
{
    int i;
    char *p;
    for(i=0;i<n;i++)
      for(p=s+m;p<=s+k-1;p++)
          *(p-1)=*p;
    *(s+k-n)='\0';
}
int main(void)
{
    char s[30];
    int n=0,m=0,k;
    gets(s);
    scanf("%d%d",&m,&n);
    k=strlen(s);
    del(s,k,m,n);
    puts(s);
    return 0;
}
```

1.13　模拟练习 2 习题及参考答案

1.13.1　习题

一、单项选择题

1. 一个 C 程序的执行是从_____。

 A. 本程序的 main 函数开始,到 main 函数结束

 B. 本程序文件的第一个函数开始,到本程序文件的最后一个函数结束

 C. 本程序的 main 函数开始,到本程序文件的最后一个函数结束

 D. 本程序文件的第一个函数开始,到本程序的 main 函数结束

2. 以下变量名中正确的是_____。

 A. long   B. _2tet   C. 3min   D. a—1

3. 若以下选项中的变量已正确定义,则正确的赋值语句是_____。

 A. x1=26.8%3;   B. 1+2=x2;   C. x3=0x12;   D. x4=1+2=3;

4. 能正确表示 a 和 b 同时为正或同时为负的逻辑表达式是_____。

 A. (a>=0 ‖ b>=0)&&(a<0 ‖ b<0)

 B. (a>=0 && b>=0)&&(a<0 && b<0)

 C. (a+b>0) &&(a+b<=0)

 D. a*b>0

5. 有以下程序段：

```
int m = 0;
while(m == 1) m++;
```

while 循环体执行的次数是_____。

    A. 无限次　　　　　　　　　　　　　B. 有语法错误,不能执行

    C. 执行一次　　　　　　　　　　　　D. 一次也不执行

6. 以下程序段的输出结果是_____。

```
int i = 010,j = 10,k = 0x10;
printf("% d, % d, % d \n",i,j,k);
```

    A. 8,10,16　　　　　B. 8,10,10　　　　　C. 10,10,10　　　　　D. 10,10,16

7. 以下程序段的输出结果是_____。

```
int x = 5;
do
{ printf("% d",x -= 2); }
while (!( -- x));
```

    A. 3 1 −2　　　　　B. 3 1 0　　　　　C. 3　　　　　D. 死循环

8. 以下程序段的输出结果是_____。

```
int c = 0,k;
for(k = 1;k < 3;k++)
  switch(k)
  {  default: c += k;
     case 2: c++;break;
     case 4: c += 2;break; }
printf("% d\n",c);
```

    A. 3　　　　　B. 5　　　　　C. 7　　　　　D. 9

9. 若有两个字符串 str1、str2,要比较二者是否相等,正确的 if 语句是_____。

    A. if(str1 == str2)　　　　　　　　　B. if(str1 = str2)

    C. if((str1 − str2) == 0)　　　　　　D. if(strcmp(str1,str2) == 0)

10. 以下程序段的输出结果是_____。

```
int a[3][3] = { {1,2},{3,4},{5,6} },i,j,s = 0;
for(i = 1;i < 3;i++)
  for(j = 0;j <= i;j++)   s += a[i][j];
printf("% d\n",s);
```

    A. 18　　　　　B. 19　　　　　C. 20　　　　　D. 21

11. 在函数中变量的默认存储类型说明符应该是_____存储类型。

    A. 内部静态　　　　　B. 外部　　　　　C. 自动　　　　　D. 寄存器

12. 以下程序的输出结果是_____。

```
# include < stdio. h >
long fun( int n)
```

习题及参考答案

```
{
    long s;
    if(n == 1 || n == 2) s = 2;
    else s = n - fun(n - 1);
    return s;
}
int main(void)
{
    printf("%ld\n", fun(3));
    return 0;
}
```

    A. 1   B. 2   C. 3   D. 4

13. 以下程序的输出结果是_____。

```
#include < stdio.h>
#define P(a,b) a * b + 1
int main(void)
{
    int x = 1, y = 2, z;
    z = P(x + y, 4 + 3);
    printf("%d", z);
    return 0;
}
```

    A. 22   B. 13   C. 23   D. 21

14. 以下程序段的输出结果是_____。

```
int i, s = 0, t[] = {1,2,3,4,5,6,7,8,9};
for(i = 0; i < 9; i += 2) s += * (t + i);
printf("%d\n", s);
```

    A. 45   B. 20   C. 25   D. 36

15. 指针 s 所指字符串的长度是_____。

```
char * s = "0\101 + 101\\Name - \xab";
```

    A. 17   B. 21   C. 13   D. 20

16. 设有定义"int n = 0, * p = &n, ** q = &p;"，则以下选项中正确的赋值语句是_____。

    A. * p=8;   B. * q=5;   C. q=p;   D. p=1;

17. 以下程序的输出结果是_____。

```
#include < stdio.h>
void swap(int * p1, int * p2)
{
    int p;
    p = * p1; * p1 = * p2; * p2 = p;
}
int main(void)
{
```

```
    int a = 5, b = 8;
    int * p1 = &a, * p2 = &b;
    if(a < b) swap(p1,p2);
    printf(" % d % d", * p1, * p2);
    return 0;
}
```
    A. 88   B. 55   C. 85   D. 58

18. 有以下定义和语句：

```
struct workers
{   int num;char name[20];char c;
    struct
    {int day; int month; int year;} s;
};
struct workers w, * pw;
pw = &w;
```

能给 w 中 year 成员赋值 1980 的语句是_____。

    A. * pw. year＝1980;   B. w. year＝1980;

    C. pw→year＝1980;   D. w. s. year＝1980;

19. 以"w"方式打开文本文件 f:\aa. dat,若文件已存在,则_____。

    A. 新写入数据被追加在文件末尾

    B. 文件原内容被清空,从文件头开始存放新写入的数据

    C. 显示出错信息

    D. 新写入数据被插入文件首部

20. 执行以下程序后,t1. dat 中的内容是_____。

```
# include < stdio. h >
# include < string. h >
FILE * fp;
void writeStr(char * fn,char * str)
{
    fp = fopen(fn,"w");
    fputs(str,fp);
    fclose(fp);
}
void readStr(char * fn,char * str)
{
    fp = fopen(fn,"r");
    fgets(str,strlen(str),fp);
    fclose(fp);
}
int main(void)
{
    char s[10];
    writeStr("t1.dat","start");
    writeStr("t1.dat","end");
    readStr("t1.dat",s);
```

```
        puts(s);
        return 0;
}
```

A. start   B. end   C. startend   D. endstart

二、读程序,写结果

1. 以下程序的输出结果是_____。

```
# include < stdio. h >
void f(int a[ ], int i, int j)
{
    int t;
    if(i < j)
    {
        t = a[ i ]; a[ i ] = a[ j ]; a[ j ] = t;
        f(a, i + 1, j - 1);
    }
}
int main(void)
{
    int i, aa[ 5 ] = {1, 2, 3, 4, 5};
    f(aa, 0, 4);
    for(i = 0; i < 5; i++) printf(" % d", aa[ i ]);
    printf("\n");
    return 0;
}
```

2. 以下程序的输出结果是_____。

```
# include < stdio. h >
# include < stdlib. h >
int main(void)
{
    FILE * fp;
    int f1 = 1, f2 = 1, i;
    if((fp = fopen("student. dat", "wb")) == NULL)
    {
        printf("Cannot creat the output file! \n");
        exit(1);
    }
    else
    {
        for(i = 1; i < = 5; i++)
        {
            fprintf(fp, " % 4d % 4d", f1, f2);
            fscanf(fp, " % 4d % 4d", &f1, &f2);
            printf(" % 4d % 4d", f1, f2);
            f1 = f1 + f2; f2 = f2 + f1;
        }
    }
    fclose(fp);
```

```
      printf("\n");
      return 0;
}
```

三、程序填空题

1. 删除字符串中的任一字符(包括连续多个相同字符),输出删除后数组中剩余的字符串。请填空。

```
#include < stdio.h >
#include < string.h >
#define N 30
void delet(char a[ ],char c);
int main(void)
{
   char a[N],c;
   gets(a);
   c = getchar();
   delet(_____①_____);
   puts(a);
   return 0;
}


void delet(char a[ ],char c)
{
   int i,j = 0;
   for(i = 0;_____②_____;i++)
      if(a[i]!= c)
      {
         a[j] = a[i];
         _____③_____;
      }
   a[j] = '\0';
}
```

2. 用选择法按升序对 a 数组中的数据进行排序。

```
#include < stdio.h >
void printArray(int * a, int n)
{
   int i;
   for(i = 0;i < n;i++)
      printf(" % 4d",a[i]);
   printf("\n");
}
void selectSort(int a[ ], int n)
{
   int i,j,k,t;
   for(i = 0;i < n - 1;i++)
   { k = i;
      for(j = i + 1;j < n;j++)
         if( * (a + j)_____①_____ * (a + k)) k = j;
```

```
        { t = * (a + i); * (a + i) = * (a + k);_____②_____;}
      }
    }
    int main(void)
    {
        int a[ ] = {75,63,88,52,90,67};
        selectSort(a,6);
        _____③_____;
        return 0;
    }
```

四、编程题

1. 求两个正整数的最大公约数和最小公倍数。

2. 以下程序中 fun 函数功能是：找出二维数组 tt 每列的最小元素，并依次放入一维数组 pp 中。

3. 一组学生的学号已按升序存放在数组中，用递归二分查找算法实现某个学号的查找，若查找到，则输出该学生学号，否则输出"None!"。

4. 从键盘输入 3 名学生的信息，包括学号、姓名和 4 门课成绩，求每名学生的平均成绩，并输出 3 名学生的全部信息。

1.13.2 参考答案

一、单项选择题

1. A   2. B   3. C   4. D   5. D   6. A   7. C   8. A   9. D
10. A   11. C   12. A   13. B   14. C   15. C   16. A   17. C   18. D
19. B   20. B

二、读程序，写结果

1. 54321

2. 1 1 2 3 5 8 13 21 34 55

三、程序填空题

1. ① a,c   ② a[i]! = '\0'   ③ j++

2. ① <   ② * (a+k)=t 或 a[k]=t   ③ printArray(a,6);

四、编程题

1. 参考程序

```
# include < stdio. h>
int main(void)
{
  int m,n,r,p,t;
  scanf(" % d % d",&m,&n);
  p = m * n;
  while((r = m % n)! = 0)
  {
    m = n;
    n = r;
  }
```

```c
        printf("gcd is: %d, lcm is: %d\n",n,p/n);
        return 0;
}
```

2. 参考程序

```c
#include <stdio.h>
#define M 3
#define N 4
void fun(int tt[M][N],int pp[N])
{
    int i,j,min,k;
    for(i=0;i<N;i++)
    {
        min=tt[0][i]; k=0;
        for(j=1;j<M; j++)
            if(min>tt[j][i])
            {
                min=tt[j][i];
                k=j;
            }
        pp[i] = tt[k][i];
    }
}
int main(void)
{
    int i,a[][4]={7,5,6,3,8,8,5,2,9,0,6,7},p[4];
    fun(a, p);
    for(i=0;i<N;i++)
        printf("%4d",p[i]);
    return 0;
}
```

3. 参考程序

```c
#include <stdio.h>
#define N 6
int bisearch(int a[],int low,int high,int key)
{
    int mid=(low+high)/2;
    if(low>high)
        return -1;
    if(a[mid]==key)
        return mid;
    else if(key<a[mid])
        bisearch(a,low,mid-1,key);
    else if(key>a[mid])
        bisearch(a,mid+1,high,key);
}
int main(void)
{
    int a[N]={2001,2002,2003,2004,2005,2006},key,i;
```

```
        scanf("%d",&key);
        i = bisearch(a,0,N-1,key);
        if(i == -1)
            printf("None!\n");
        else
            printf("%d\n",a[i]);
        return 0;
}
```

4. 参考程序

```
#include<stdio.h>
#define M 4
#define N 3
struct student
{   int num;
    char name[20];
    int score[M];
    float average;
};
void input(struct student s[], int n, int m)
{
    int i,j;
    for(i = 0;i < n;i++)
    {
        scanf("%d%s",&s[i].num,s[i].name);
        for(j = 0;j < m;j++)
            scanf("%d",&s[i].score[j]);
    }
}

void average(struct student s[], int n, int m)
{
    int i,j;
    float sum;
    for(i = 0;i < n;i++)
    {
        sum = 0.0;
        for(j = 0;j < m;j++)
            sum = sum + s[i].score[j];
        s[i].average = sum/m;
    }
}

void output(struct student s[],int n,int m)
{
    int i,j;
    for(i = 0;i < n;i++)
    {
        printf("%d, %s,",s[i].num,s[i].name);
        for(j = 0;j < m;j++)
```

```c
            printf("%d,",s[i].score[j]);
        printf("%.2f\n",s[i].average);
    }
}

int main(void)
{
    struct studentstu[N];
    input(stu,N,M);
    average(stu,N,M);
    output(stu,N,M);
    return 0;
}
```

第 2 章 Code∷Blocks 集成开发环境的使用与调试方法简介

2.1 集成开发环境简介

良好的集成开发环境可方便程序开发人员编写、调试和运行程序,提高程序开发效率。主流的 C 语言集成开发工具有 Visual Studio、Qt Creator、Eclipse、Code∷Blocks、Dev-C++等。

Code∷Blocks 是一个"轻量级"的、开放源码的跨平台集成开发环境,提供了控制台应用等工程模板,还支持语法彩色醒目显示、代码自动缩进和补全等功能,可以帮助用户方便、快捷地编辑 C/C++源代码。目前,Code∷Blocks 的最新版本是 17.12,可以从 Code∷Blocks 官网 http://www.codeblocks.org 下载安装包进行安装。

2.2 使用 Code∷Blocks 创建和运行 C 程序

使用 Code∷Blocks 创建和运行 C 程序的过程如下。

(1) 新建工程。选择菜单 File→New→ Project,如图 2-1 所示。

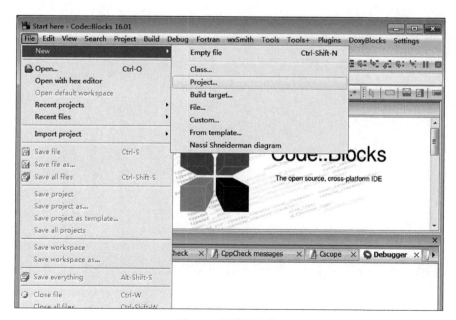

图 2-1 新建源文件

（2）选中 Console application（控制台程序），单击 Go 按钮，如图 2-2 所示。

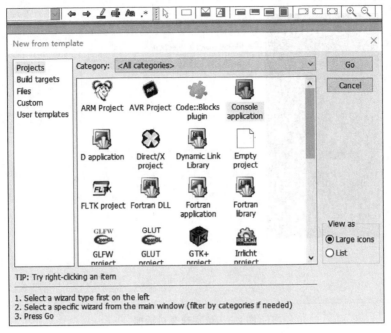

图 2-2　New from template 对话框

（3）弹出 Console application 对话框，单击 Next 按钮，如图 2-3 所示。

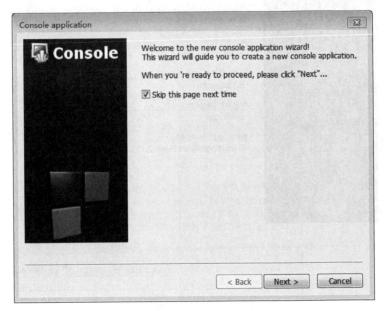

图 2-3　欢迎向导对话框

（4）选择编程语言。选中 C 语言或 C++语言，单击 Next 按钮，如图 2-4 所示。

（5）在 Project title 文本框中输入工程名称，在 Folder to create project in 浏览框中选择工程所在文件夹，单击 Next 按钮，如图 2-5 所示。

Code::Blocks 集成开发环境的使用与调试方法简介

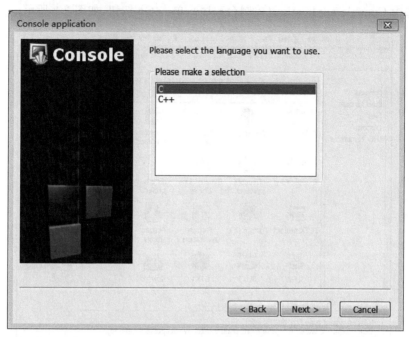

图 2-4　语言选择对话框

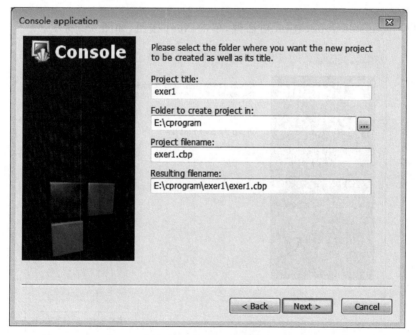

图 2-5　工程设置对话框

（6）选择编译器。设置编译相关的路径与文件名，单击 Finish 按钮，如图 2-6 所示。

（7）编辑运行程序。单击左侧文件列表中 Sources 前的"＋"号，双击 main.c 文件，就可以开始编辑源程序代码了。编辑完成后，单击工具栏中的编译按钮 ⚙ 进行编译，之后可单击运行按钮 ▷ 运行程序，如图 2-7 所示。

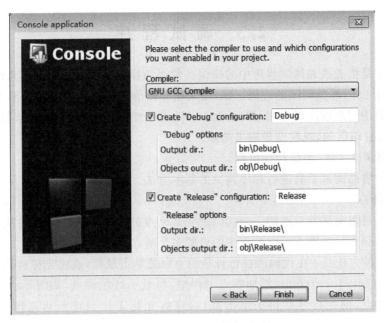

图 2-6　设置路径与文件名对话框

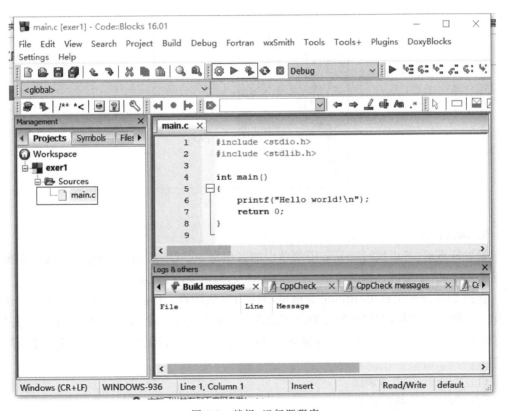

图 2-7　编辑、运行源程序

第 2 章

Code::Blocks 集成开发环境的使用与调试方法简介

2.3 调 试 程 序

调试程序是指查找和排除程序中的错误。常用的程序调试方法有以下几种：

(1) 采用注释,减少调试的代码区域,即采用分而治之的策略将问题局部化。将部分可能出现问题的语句改成注释方式,然后调试程序,分析结果,查找出错语句范围。

(2) 插入打印语句,观察变量输出结果。

(3) 利用调试工具,跟踪程序流程。

下面演示借助调试工具进行程序调试的基本方法。

1. 设置断点

所谓断点是用调试器设置的一个代码位置。断点的作用是中断程序的执行过程,以便检查程序代码和变量的值。可以在程序中设置多个断点。

设置断点的方法是：在代码所在行行号的空白处单击鼠标,或将光标移到该行,选择菜单 Debug→Toggle breakpoint,添加断点,行号后将显示红色圆点,如图 2-8 所示。如果要取消某行的断点,则在行号后再次单击鼠标,或将光标定位到该行后选择菜单 Debug→Remove all breakpoints。

```
 1      #include <stdio.h>
 2      void swap(int a,int b)
 3      {
 4          int t;
 5          t=a;
 6          a=b;
 7          b=t;
 8      }
 9      int main(void)
10      {
11          int a=3,b=6;
12          swap(a,b);
13          printf("%d,%d",a,b);
14          return 0;
15      }
16
```

图 2-8 给程序添加断点

2. 调试程序

设置断点后,可以执行 debug 子菜单中的各项命令。注意,Build target 的选项必须是默认的 Debug,才能进行调试操作。若为 Release,则需要改为 Debug。

选择 Debug→Start/Continue 菜单项,或按 F8 快捷键,开始调试。此时程序会在遇到的第一个断点处中断,在红色断点圆点内出现一个黄色的小三角,表示它指向的代码行是下一步要执行的语句行。接着可以继续执行 Debug 子菜单中的其他菜单项。各菜单项的功能如下：

(1) Next line:单步调试。

(2) Step into:进入函数。

(3) Step out:跳出函数。

(4) Stop debugger:结束调试。

3. 设置 Watches 窗口

在程序调试过程中,有时需要查看运行过程中某些变量的值,以检测程序的正确性。可以选择菜单 Debug→Debugging windows→Watches 打开 Watches 窗口,如图 2-9 所示。

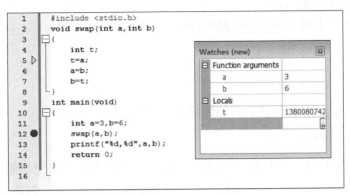

图 2-9 在 Watches 窗口中观察变量

2.4 程序中错误的类型

编写完程序后,首先要进行人工检查,从中发现由于疏忽大意而造成的错误。程序中的错误可分为三类:语法错误、逻辑错误和运行错误。

1. 语法错误

语法错误是指违背语法规则的错误。对于这类错误,在编译、连接阶段系统能够发现并在输出窗口显示错误信息。注意:

(1) 有时系统不能准确定位错误所在位置。如果在定位位置找不到错误,可在附近查找。

(2) 有时系统提示多条错误信息,实际上可能只有一两处错误。只要纠正了第 1 条错误,再进行编译时后面的错误多数已消失。各种错误互有关联,因此要善于分析,要从前向后逐一修改,每修改一条,编译一次。

常见的语法错误有:

(1) 数字与字母输入混淆,英文符号误用中文。数字 1 和字母 l、数字 0 和字母 O 分不清;英文状态下的标点符号输入成中文状态下的标点符号,造成非法字符错误。

(2) 书写标识符时,忽略了大小写字母的区别。C 语言认为大写字母和小写字母是两个不同的字符。习惯上,符号常量名用大写表示,变量名用小写表示,以增强可读性。

(3) 语句末尾没加分号。

(4) 数学表达式转换成 C 语言表达式时出错。例如,1/(2xy)在程序中应该写成 1/(2 * x * y);2 的 x 次方在程序中不能写成 2^x;把 x 的值在 0 到 10 区间内这个条件表示成 0<x<10 是错误的。

(5) 在用 scanf 输入变量时,忘记加地址运算符"&"。

(6) 输入数据的方式与格式说明符不一致。例如有以下输入语句:

```
scanf("%d%d",&a,&b);
```

Code∷Blocks 集成开发环境的使用与调试方法简介

输入时不能用逗号作为两个数据间的分隔符。若输入语句是：

```
scanf("%d,%d",&a,&b);
```

则输入时逗号要用半角模式。

（7）输入/输出数据类型与格式说明符不一致导致错误。例如：

```
int a = 3;
float b = 4.5;
printf("%f,%d\n",a,b);
```

编译时未给出出错信息，但运行结果错误，输出为：

```
0.000000,1074921472
```

（8）在赋值号左侧写表达式。例如"1/r=1/r1＋1/r2;"，C语言中只能给变量赋值。

（9）在宏定义行末尾加分号，或在if语句条件表达式后加分号。例如：

```
if(a>b);
        printf("a is bigger than b");
```

（10）做相等比较时应该用"=="但却写成了"="。

（11）函数参数为数组时，调用函数时实参书写错误，如函数调用写成 max(int a[5])或 max(a[5])等；

（12）企图返回数组全部元素的值。例如：

```
int input(int a[],int n )
{
    int i;
    for(i = 0;i < n;i++)
        scanf("%d",&a[i]);
    return a;                              //错误
}
```

（13）对字符数组名进行赋值操作。例如：

```
char name[10];
name = "Alex";
```

这里，name 是数组名，是常量，不能被赋值。

2. 逻辑错误

程序中有逻辑错误时，不影响程序运行并得到运行结果，只是运行结果不正确。这类错误比较隐蔽，出错后不易查找。

常见逻辑错误有：

（1）if 中的操作需要加花括号时未加，循环体需要加花括号时未加。

例如，1＋2＋…＋100，代码段如下：

```
int n = 1,sum = 0;
while (n <= 100)
  sum = sum + n;
n++;
```

复合语句没写花括号,导致形成"死循环"。

(2) case 分支漏写 break 语句。

(3) 累加求和运算时,累加和变量忘记赋初值;累乘运算时,累乘变量初值赋值为 0。

(4) 数组下标越界。例如:

```
int a[10],i,sum;
for (i = 1; i < = 10; i++)
    sum = sum + a[i];
```

(5) 算术运算时,数据类型不正确,导致错误。

```
float r = 3.0,v;
v = 4/3 * 3.14159 * r * r * r;
```

代码执行后,由于 4/3 的结果是 1,因此计算的 v 值不正确。

3. 运行错误

有时程序既无语法错误,也无逻辑错误,但程序不能正常运行或结果有误。如出现内存访问冲突、文件操作失败等。例如,引用指针变量之前,没有对指针赋予确定的值。

```
int * p;
* p = 10;
```

或使用字符指针时,出现如下错误:

```
char * p1, * p2, * p3 = "hello";
p1 = "good";                    //对 p1 赋值正确
gets(p2);                       //输入错误,指针 p2 没有初始化
```

第3章 | 上 机 实 验

实验 1　顺序结构程序设计

【实验目的】

1. 熟悉 C 编译系统集成环境及基本操作方法,掌握在该系统上如何编辑、编译、连接和运行一个 C 程序。

2. 掌握表达式的运算以及表达式语句的用法。

3. 掌握各种类型数据的输入、输出方法,正确使用各种格式说明。

4. 掌握顺序结构程序设计方法及程序调试方法。

5. 掌握数学函数的使用。

【实验内容】

1. 进入 C 编译系统集成环境,熟悉集成环境界面和有关菜单的使用方法。

2. 运行下面程序,并分析输出结果。

(1) 请将以下程序段补充完整。

```
char c;
int a;
long m;
float f;
double d;
c = 'a';                                        //e1
a = 61;
m = 50000;
f = 333.3456789;
d = 123456789.123456789;                        //e2
printf("c = % c\na = % d\nm = % d\n",c,a,m);
printf("f = % f\nd = % 15.6f\n",f,d);
```

(2) 编译、连接、运行此程序,记录并分析结果。

(3) 完成以下修改。

① 请用/ * … * /将 e1 行至 e2 行之间的赋值语句注释起来,改用 scanf 函数输入数据,添加 scanf 函数如下:

```
scanf("% c % d % ld % f % lf", &c, &a, &m, &f, &d);
```

编译、连接、运行此程序。

数据按照如下方式输入：

a ␣61 ␣50000 ␣333.3456789 ␣123456789.123456789↙

记录并分析结果。

② 若要求输入数据之间用逗号分隔，请用//将上述 scanf 函数注释起来，重写 scanf 函数。

③ 删去输入项表列中的 &，运行程序，观察并分析运行结果。

（4）请将步骤（3）scanf 函数中的 %ld 和 %lf 分别改为 %d 和 %f，运行程序，观察并分析运行结果。

（5）思考。

对照程序和运行结果，回答如下问题：

① 若漏写 scanf 函数输入项表列中的取地址运算符 &，会出现什么情况？

② 举例说明调用 scanf 函数输入数据时，数据间应该怎样分隔。

3. 编写程序，上机编译、连接、运行程序并分析结果。

（1）从键盘输入一个小写英文字母，将其转换为大写字母后，输出转换后的大写字母及其十进制的 ASCII 值。

（2）从键盘输入圆的半径，计算并输出圆的周长、圆的面积和圆球的体积（保留 2 位小数）$\left(\text{提示：圆的周长 } l = 2\pi r，\text{面积 } s = \pi r^2，\text{球体积 } v = \frac{4}{3}\pi r^3\right)$。

（3）定义两个整数，通过键盘输入两个整数的值，计算它们的和、差、积、商，并输出。

实验 2　选择结构程序设计

【实验目的】

1. 利用 if 语句及 if 语句的嵌套实现选择结构程序设计。

2. 利用 switch 语句实现选择结构程序设计。

3. 能够编写选择结构的程序，解决实际问题。

4. 学会调试程序的方法。

【实验内容】

1. 运行实现以下分段函数的程序，并分析输出结果。

$$y = \begin{cases} x^4 + 1 & (0 < x < 5) \\ 0 & (x = 0) \\ |x| + 4 & \text{其他} \end{cases}$$

```
# include < stdio.h>
# include < math.h>
int main(void)
{
  int x,y;
  scanf(" % d",&x);
```

```
if(0 < x < 5)
    y = pow(x,4) + 1;
else if(x = 0);
    y = 0;
else
    y = fabs(x) + 4;
printf("x = % df,y = % d\n",x,y);
return 0;
}
```

(1) 对源代码进行编译,解读相关的编译信息;修改程序的语法错误与逻辑错误;分析数学表达式与 C 语言表达式之间的联系与区别。

(2) 分别测试当 x 为 2.2,0,−3.2 时程序的运行结果。

(3) 单步调试程序,分析 if 语句的执行过程。

2. 已知平面上三个点的坐标分别是(2,4)、(4,8)和(−1,−2),判断这三点是否共线。

3. 从键盘输入平面上三个点的坐标 A(x1,y1)、B(x2,y2)、C(x3,y3),检验它们能否构成三角形。若不能,则输出相应的信息;若能,则输出三角形的面积和周长。

(1) 程序分析:已知两点的坐标,可以使用两点间距离公式计算两点间距离。组成三角形的条件是三角形两边之和大于第三边。已知三条边的长度,可以根据海伦公式求面积。注意表达式的书写和分支条件的设定。

(2) 对源代码进行编译,若存在编译错误,根据提示修改源代码。运行测试用例数据,如表 3-1 所示,若结果有误,则设置断点,利用断点调试运行。

表 3-1   测试用例

序　　号	输　　入	输　　出
1	点 A 坐标：4,5 点 B 坐标：6,9 点 C 坐标：7,8	周长＝10.13,面积＝3.00
2	点 A 坐标：4,6 点 B 坐标：8,12 点 C 坐标：12,18	这三个点不能组成三角形

4. 输入任意一个字母,作为中间字母,输出三个相邻的字母。假设字母 z 与字母 a 是相邻的。若输入 z,则输出 yza;若输入 a,则输出 zab;若输入 c,则输出 bcd。

5. 模拟两个人的输入(石头、剪刀、布),判断谁是胜利者。

实验 3　循环结构程序设计

【实验目的】

1. 熟练使用 for、while 和 do-while 语句实现循环程序设计。

2. 理解循环条件和循环体,以及 for、while 和 do-while 语句的相同及不同之处。

3. 掌握循环嵌套结构的使用;掌握分支结构、循环结构的综合应用。

4. 掌握 break 和 continue 语句的使用。

【实验内容】

1. 编程求 $\sum\limits_{i=1}^{n} i!$ 的值。

（1）用二重循环实现求和。

（2）用一重循环实现求和。

（3）分析结果：

① 输入一个较小的正整数，分析程序执行结果。

② 输入 0 或一个负数，分析程序执行结果。

③ 输入一个较大的正整数，分析程序执行结果。思考：存放阶乘、阶乘和的变量应该用什么类型的数据？

④ 修改程序，当输入数据非法时，给出一个恰当提示。

2. 找出 1000 以内的所有"完数"。"完数"就是这样一个整数，它恰好等于它的因子之和。例如，6 的因子为 1、2、3，而 6＝1＋2＋3，则 6 是完数。

```c
#include<stdio.h>
int main(void)
{
    int n,m,k;
    for(n=1;n<=1000;n++)
    {
        k=0;
        for(m=1;m<n;m++)
            if(n%m==0)
                    ①
        if(n==k)
            printf("%d ",n);
    }
    return 0;
}
```

（1）请填空，使程序完整，分析其执行过程。

（2）还能再修改"for(m＝1;m＜n;m＋＋)"循环条件以减少循环次数吗？

（3）思考：语句"k＝0;"能在变量赋初值部分给出吗（多重循环要注意变量赋初值的位置）？

（4）若不仅输出完数，还输出其各个因子，如输出"6 的因子有 1、2、3"，如何修改程序？

3. 思考以下程序的运行结果，并上机验证，体会 break 与 continue 的区别。

```c
#include<stdio.h>
int main(void)
{
    int n,m;
    for(n=1;n<=10;n++)
    {
```

```
                    if(n == 5)
                            break;
                    printf(" % d",n);
            }
            printf("\n");

            for(m = 1;m < = 10;m++)
            {
                    if(m == 5)
                            continue;
                    printf(" % d",m);
            }
            return 0;
    }
```

4. 给定 1、2、3、4 四个数字,请输出所有由它们组成的无重复数字的三位数。输出整数的顺序要求从小到大排列,每行六个整数。

问题分析:这个问题可以通过穷举每一位和每个允许的数字的排列来解决。可以采用三重循环,每重循环对应三位数中的一位,每重循环循环四次(1、2、3、4)。

5. 用公式 $\pi/4 \approx 1 - \frac{1}{3} + \frac{1}{5} - \frac{1}{7} + \cdots + (-1)^{n-1} \frac{1}{2n-1}$ 求π的值。当最后一项的绝对值小于 10^{-4} 时可认为达到了精度要求。

实验 4 数 组

【实验目的】

1. 掌握一维数组的定义及使用。
2. 掌握二维数组的定义及使用。
3. 掌握字符数组的定义及使用。

【实验内容】

1. 运行以下程序:

```
# include < stdio. h>
int main(void)
{
    char s[20];
    gets(s);
    puts(s);
    return 0;
}
```

(1) 从键盘输入"How are you",观察输出结果。

(2) 将 gets(s)改为 scanf(" % s",s),重新运行程序,观察输出结果有什么不同,分析原因。

(3) 如果用%c 格式符输入/输出字符串,程序该如何修改?

2. 以下程序的功能是从键盘输入十个数,检查 3 是否包含在这些数中,若包含,则输出第一个 3 出现的位置。检验程序是否正确,若有错误,请找出并改正。

```
# include < stdio.h>
int main(void)
{
    int a[10];
    i = 0;
    while(i < 10)
        scanf(" % d",a[i]);
        i++;
    for(i = 0;i < 10;i++);
        if(a[i] = 3)
            printf(" % d\n",i);
            continue;
    if(i = 10)
        printf("not found!\n");
    return 0;
}
```

3. 以下程序的功能是将字符串中的数字字符删除。检验程序是否正确,若有错误,请找出并改正。

```
# include < stdio.h>
int main(void)
{
    char a[10];
    int i,j;
    gets(a);
    for(i = 0,j = 0;a[i]!= '\0';i++,j++)
            if(a[i]< 0 || a[i]> 9)
                a[j] = a[i];
    puts(a);
    return 0;
}
```

4. 编写程序,将某数插入到一维数组中某处,如将 8 插入到数组 2,3,5,0,9,6 的第 3 个位置,插入后数组为 2,3,8,5,0,9,6。要插入的数及其插入位置由键盘输入。

5. 编写程序,将 4 行、5 列的二维数组的第 0 行与第 2 行对调。

6. 输入元素个数 $n(n \leqslant 10)$,再输入 n 个整数,存放在一个数组中,计算这 n 个数的平均数和中位数。中位数的计算方法是:把数据按大小排序,如果数据个数是奇数,则中间那个数就是中位数;如果数据个数是偶数,则中间两个数的平均值就是中位数。

实验5 函　　数

【实验目的】

1. 掌握函数的定义方法。

2. 掌握函数的调用方法。

3. 掌握函数的实参与形参的对应关系。

【实验内容】

1. 写出以下程序的运行结果,然后上机验证。

(1)

```c
#include<stdio.h>
int x = 20;
void f1(int x)
{
    x += 10;
    printf("f1: %d\n",x);
}
void f2()
{
    x += 10;
    printf("f2: %d\n",x);
}
int main(void)
{
    int x = 10;
    f1(x);
    f2();
    printf("main: %d\n",x);
    return 0;
}
```

(2)

```c
#include<stdio.h>
int fun(int a)
{
    int b = 0;
    static int c = 0;
    b++;
    c++;
    return a + b + c;
}
int main(void)
{
    int i;
    for(i = 0;i<3;i++)
        printf("%d\n",fun(i));
    return 0;
}
```

思考:如果将程序中的 static 删除,运行结果会有什么不同? 为什么?

2. 下面 add 函数的功能是求两个参数之和并将其作为函数返回值。请检验函数是否正确,若有错误,请改正并将主函数补充完整。

```c
#include<stdio.h>
void add(int a,int b);
{
    int c;
    c = a + b;
}
int main(void)
{
    int x,y,z;
    scanf("%d%d",&x,&y);
    z = ___①___ ;              //调用函数,计算 x、y 之和
    printf(___②___);           //输出 x、y 之和
    return 0;
}
```

3. 下面程序的功能是统计一维数组中负数的个数。检验程序是否正确,若有错误,请找出并改正。

```c
#include<stdio.h>
int main(void)
{
    int x[6],i,y;
    for(i = 0;i<6;i++) scanf("%d",&x[i]);
    sum(int x[],6);
    printf("%d\n",y);
    return 0;
}
void sum(int a[],int n)
{
    int i,m;
    for(i = 0;i<n;i++)
        if(a[i]<0) m++;
    return m;
}
```

4. 编写一个函数,功能是求两个正整数的最大公约数。数据的输入与输出在主函数中完成。用递归与非递归两种方法完成。

5. 素数是只能被 1 和自身整除的正整数。试实现一个判断素数的函数,并利用该函数验证哥德巴赫猜想,即任何一个大于 6 的偶数均可表示为两个奇素数之和。

6. 用一维数组作函数参数,实现学生成绩管理系统。

（1）输入每个学生的学号和一门课的成绩。

（2）计算平均成绩及高于平均分的人数。

（3）按成绩由高到低排出名次表。

（4）按学号查询学生成绩。

（5）输出每个学生的学号、成绩。

实验 6　指　针

【实验目的】

1. 掌握指针的概念、定义方法及基本操作。
2. 掌握通过指针操作数组元素的方法。
3. 掌握通过指针操作字符串的方法。
4. 掌握指针数组和指向指针的指针的概念、定义方法及使用方法。

【实验内容】

1. 程序改错。

```c
#include <stdio.h>
int main(void)
{
    float *p;
    scanf("%f",p);
    printf("%f\n",*p);
    return 0;
}
```

运行该程序,找出程序出错原因。改正错误,运行程序,得到正确结果。

2. 输出数组 a 的 10 个元素。以下程序正确吗? 若有错,请改正并上机验证。

```c
#include <stdio.h>
int main(void)
{
    int a[10] = {1,2,3,4,5,6,7,8,9,10},i;
    for(i = 0;i < 10;i++)
    {
        printf("%d ",*a);
        a++;
    }
    return 0;
}
```

3. 分析以下程序运行后的输出结果,并上机验证。

```c
#include <stdio.h>
int main(void)
{   int a[] = {1,2,3}, *p = a,b;
    char *q = "abcde";
    b = *++p;
    printf("\n%d",b);
    printf("\n%d %d %d %d",*a,*(a+2),*(p+1),p[1]);
    printf("\n%d %c %s %s",*q,q[3],q+3,q);
    return 0;
}
```

4. 输入 3 个整数,按由小到大的顺序输出。请补充并且修改程序,运行该程序,得到正确的结果。

```
# include < stdio.h>
int main(void)
{
    int a,b,c;
    int  * pa = &a,  * pb = &b, * pc = &c;
    printf("input 3 integer a,b,c:");
    scanf(" % d, % d, % d",&a,&b,&c);              //e1
    if (a > b)                                      //e2
    {pt = pa; pa = pb; pb = pt;}
    if ( * pa > * pc){____①____; pa = pc; pc = pt;}
    if ( * pb > * pc){pt = pb; ____②____;pc = pt;}
    printf(" % d, % d, % d\n",a,b,c);              //e3
    return 0;
}
```

解决以下问题:

(1) 程序 e1 行的输入语句是否可以改为"scanf("%d,%d,%d",pa,pb,pc);"?

(2) 程序 e2 行的 if 语句中的条件是否可以改为" * pa > * pb"?

(3) 程序 e3 行的输出语句是否正确? 如果不正确应如何修改?

(4) 仿照上面程序,编写输入 3 个字符串并按由小到大的顺序输出的程序。

(5) 比较分析这两个程序,用指针处理整数与字符串有什么不同? 例如:

① 如何得到指向整数或字符串的指针?

② 如何比较两个整数或字符串的大小?

③ 如何交换两个整数或字符串?

5. 输入 10 个数,按与输入时相反的顺序将其输出。

实验 7　指针与函数

【实验目的】

1. 掌握指针变量作函数参数的使用方法。

2. 掌握返回值为指针的函数的概念、定义方法及使用方法。

3. 掌握指向函数的指针的概念、定义方法及使用方法。

4. 掌握指针数组作 main() 函数参数的使用方法。

【实验内容】

1. 输入 3 个整数,按由小到大的顺序输出。请补充并运行以下程序,得到正确的结果。

```
# include < stdio.h>
int main(void)
{
    int a,b,c;
```

```
        int * pa = &a, * pb = &b, * pc = &c;
        void swap(int, int);                          //e1
        printf("input 3 integer a,b,c:");
        scanf("% d,% d,% d",&a,&b,&c);
        if(a > b)swap(pa,pb);
        if(a > c)swap(pa,pc);
        if(b > c)_____①_____;
        printf("% d,% d,% d\n",a,b,c);
        return 0;
    }
    void swap(____②____)
    {   int z;
        z = * px; * px = * py; * py = z; }
```

解决以下问题：

(1) 程序 e1 行起什么作用？有没有问题？若有，请改正。

(2) 仿照上面程序，编写输入 3 个字符串并按由小到大的顺序输出的程序。

2. 分析以下程序的运行结果，并上机验证。

```
# include < stdio. h >
char * a[ ] = {"BASIC","FORTRAN","COBOL"};
int main(void)
{
    char ** m, * p;
    char * f(char ** n);
    m = a;
    p = f(m);
    printf("\n% s",p);
    return 0;
}
char * f(char ** n)
{
    ++n;
    return * n;
}
```

3. 用函数求 10 个学生的最高分、最低分和平均成绩。

4. 输入一个字符串和一个字符，编写函数，查找该字符在字符串中出现的位置，并从该字符首次出现的位置开始输出字符串。

实验 8　构造数据类型

【实验目的】

1. 掌握结构体类型声明及结构体变量的定义和应用。

2. 掌握结构体类型数组的概念和应用。

3. 掌握结构体类型指针的概念和应用。

4. 掌握链表的概念和基本操作方法。

【实验内容】

1. 已知一个通讯录是由姓名、QQ 号和电话号码这三个数据项组成,利用结构体数组编写管理通讯录(n 个通讯记录)的程序,要求用函数实现添加、删除、查找和输出通讯记录的功能。

2. 已知一个通讯录是由姓名、QQ 号和电话号码这三个数据项组成,利用单链表编写管理通讯录(n 个通讯记录)的程序,要求用函数实现添加、删除、查找和输出通讯记录的功能。

实验 9 文　　件

【实验目的】

1. 掌握文件和文件指针的概念。
2. 掌握文件操作的基本过程。
3. 掌握文件操作函数的使用方法。

【实验内容】

1. 以下程序的功能是从键盘输入一行字符,写到文件 a. txt 中。请改正程序中的错误。

```
#include<stdio.h>
#include<stdlib.h>
int main(void)
{
    char ch;
    FILE fp;
    if((fp = fopen("a.txt","w"))!= NULL)
    {
        printf("Can't open file!");
        exit(1);
    }
    while((ch = getchar())!= '\n')
        fputc(ch,fp);
    fclose(fp);
    return 0;
}
```

2. 从键盘输入姓名,存入文件 data. txt 中。如果文件中该姓名已存在,则显示文件已存在的相应信息,再次输入其他姓名;若文件中没有该姓名,则将其存入文件中。请填空。

```
#include<stdio.h>
#include<stdlib.h>
#include<string.h>
int main(void)
{
    FILE *fp;
```

```
    int flag = 0;
    char name[20],data[20];
    if((fp = fopen("data.txt",   ①   )) == NULL)
    {   printf("Cannot open file.\n");
        exit(1);
    }
    do
    {
        printf("Please input name:");
            ②   ;
        if(strlen(name) == 0)
                break;
        else strcat(name,"\n");
        rewind(fp);
        flag = 1;
        while(flag&&((fgets(data,20,fp)!= NULL)))
                if(strcmp(data,name) == 0)
                        flag = 0;
        if(flag)
                ③   ;
        else
                printf("\tThis name existed!\n");
    }while(ferror(fp) == 0);
    fclose(fp);
    return 0;
}
```

3. 阅读下面程序。先写出程序运行后文件 file1.txt 中的内容,再上机运行,验证结果。

```
# include < stdio.h >
# include < stdlib.h >
int main(void)
{
    FILE  * fp;
    int i,j,k;
    if((fp = fopen("file1.txt","w")) == NULL)
    {   printf("Can not open this file!\n");
        exit(1);
    }
    for(i = 1;i <= 9;i++)
    {
        for(j = 1;j <= i;j++)
        {   k = i * j;
            fprintf(fp," %d * %d = % -3d",j,i,k);
        }
        fprintf(fp,"\n");
    }
    fclose(fp);
    return 0;
}
```

4. 建立一个文本文件 intdata.txt,在其中存放若干个整数,以空格隔开。编写程序,将文件中所有整数相加,并把累加和写入该文件。

程序分析:先定义文件指针 fp,用 fopen() 以读方式打开文本文件 intdata.txt,遍历文件中的每个数,求累加和,最后用 fprintf() 将和写入文件,关闭文件。其测试用例如表 3-2 所示。

表 3-2　测试用例

输入(文件 intdata 中的数据)	输出(文件 intdata 中的数据)
10 15 20 50 100 200 220 280 300	10 15 20 50 100 200 220 280 300 1195

实验 10　综 合 实 验

【实验目的】

1. 加强算法设计与分析能力。

2. 灵活运用数组、指针、结构体等知识解决问题,加深对 C 语言程序设计所学知识的理解,学会编写结构清晰、风格良好、数据结构适当的 C 语言程序。

【实验内容】

1. 安全的密码。

设计一个程序,判断用户自己设置的密码是否安全,如果不安全,则给出提示。按照以下规则来判断密码是否安全:

· 如果密码长度小于六位,则不安全;

· 如果组成密码的字符只有一类,则不安全;

· 如果组成密码的字符有两类,则为中度安全;

· 如果组成密码的字符有三类或以上,则为安全。

通常,可以认为数字、大写字母、小写字母和其他符号为四类不同的字符。

2. 货物装箱。

假设有 N 项物品,大小分别为 $s_1, s_2, \cdots, s_i, \cdots, s_N$,其中 s_i 为满足 $1 \leqslant s_i \leqslant 100$ 的整数。要把这些物品装入到容量为 100 的一批箱子(序号为 1~N)中。装箱方法是:对每项物品,顺序扫描箱子,把该物品放入足以能够容纳它的第一个箱子中。编写程序模拟装箱过程,并输出每个物品所在的箱子序号,以及放置全部物品所需的箱子数目。

3. 找假币。

有 12 枚一模一样的硬币,已知其中只有一枚是假币,并且假币和真币的重量不一样(假设已知假币比真币重量轻),试用一个天平把假币从这 12 枚硬币中找出来。编写程序模拟找假币过程。

4. 分书。

已知有五本书(编号为 0~4)和五个人,每个人都有一个自己喜爱的书的列表。编写一个程序,设计分书方案,使得每个人都能获得一本书,且这本书一定是他喜爱的书。

设五个人喜欢的书的列表如下，1 代表喜欢，0 代表不喜欢。

{0,0,1,1,0},   //第一个人喜欢编号为 2、3 的书
{1,1,0,0,1},   //第二个人喜欢编号为 0、1、4 的书
{0,1,1,0,1},
{0,0,0,1,0},
{0,1,0,0,1}

5. 词频统计。

读取一个文本文档，统计文档中各单词出现的次数。

例如，若文档内容为：

Do you see the star ,the little star?

则统计结果如下：

```
,         1
?         1
Do        1
little    1
see       1
star      2
the       2
you       1
```

6. 求两个不超过 200 位的非负整数的和、差。

求和时输入：

```
22222222222222222222 ↙
33333333333333333333 ↙
```

求和时输出：

```
55555555555555555555
```

求差时输入：

```
99999999999999999999999999999999999999 ↙
9999999999999 ↙
```

求差时输出：

```
99999999999999999999999990000000000000
```

第4章 程序设计练习与测试

练习1 顺序结构程序设计

1. 输入并运行一个简单、正确的程序。

（1）输入下面程序：

```
# include < stdio. h>
int main(void)
{
  printf("This is a C program. \n");
  return 0;
}
```

（2）仔细观察程序编辑窗口中已输入的程序，检查有无错误。

（3）选择"编译"命令，观察信息输出窗口中显示的编译信息，若出现出错信息，则找出原因并改正，再进行编译。若无错误，则选择"组建"命令，进行连接。

（4）若编译、组建无错误，选择"执行"程序，观察、分析运行结果。

【输出示例】

This is a C program.

2. 输入并改正一个有错误的程序，分析运行结果。

```
# include < stdio. h>
int main(void)
{
                                                    //e1
  scanf(" % d % d",a,b);
  sum = a + b;                                       //e2
  printf(" % d, % d\n",a,b,sum);
  return 0;
}
```

执行"编译—组建—执行"步骤，修改错误，直到输出正确结果。记录调试信息，分析运行结果。

【输入/输出示例】

1 ␣2 ↙
1, 2, 3

3. 改正一个有错误的程序,分析运行结果。

在打开的文件中,已将第 2 题 e2 行代码改为"sum＝sum＋a＋b;",执行"编译—组建—执行"步骤,修改错误,直到输出正确结果。记录调试信息,分析运行结果。

【输入/输出示例】

1 ⌴2 ↙
1,2,3

4. 改正一个有错误的程序,分析运行结果。

在打开的文件中,已将第 2 题 e1 行代码改为"float a,b,sum;",执行"编译—组建—执行"步骤,修改错误,直到输出正确结果。记录调试信息,分析运行结果。

【输入/输出示例】

1 ⌴2 ↙
1.000000,2.000000,3.000000

5. 编写程序,从键盘输入某时某分,把它转化成(从零点整开始计算的)分钟数后输出。

【输入/输出示例】

8:30 ↙
minu = 510

6. 编写程序,从键盘输入一个三位正整数,求各位数字的立方和。

【输入/输出示例】

123 ↙
sumcube = 36

7. 编写程序,从银行贷一笔款 d,期限为 y 年,还款方式是等额本息法。计算每月应该偿还贷款的金额 m(小数点后保留 2 位)。设 d 为 200 000 元,贷款基准利率为 4.9%,折合为月利率 $r=(4.9\%)/12$,y 为 10 年(提示:计算还贷公式如下:

$$m = \frac{d \times r \times (1+r)^{y \times 12}}{(1+r)^{y \times 12} - 1}$$

使用标准 C 语言库函数 pow(x,y)计算 e^x)。

【输入/输出示例】

200000 ↙ 10 ↙ 0.049 ↙
m = 2111.55

8. 编写程序,将一个整数(范围为 0~212)从华氏温度(f)转换为摄氏温度(c)。用如下公式:

$$c = 5.0 * (f - 32)/9.0$$

按照右对齐、小数点后保留 2 位的格式,输出华氏温度 f 和摄氏温度 c,并在数字前面输出正负号。

【输入/输出示例】

87 ↙
f = + 87.00,c = + 30.56

练习 2 选择结构程序设计

1. 输入任意 3 个整数 a、b、c，求 3 个数中的最大值并输出。

【输入/输出示例】

```
2 1 3 ↙
max = 3
```

2. 程序的功能是：输入任意三个整数 num1、num2、num3，按从大到小的顺序排序输出。

【输入/输出示例】

```
63,72,56 ↙
72,63,56
```

3. 判断输入的整数是奇数还是偶数。

【输入/输出示例】

```
① 5 ↙
   odd
② 4 ↙
   even
```

4. 从键盘上输入一个字符，判断该字符是字母（不区分大小写）还是数字或其他字符。

【输入/输出示例】

```
① A ↙
   字母
② & ↙
   其他字符
```

5. 计算下列分段函数的值：

$$f(x)=\begin{cases} \dfrac{1}{x}+\mid x\mid & x>20 \\ \sqrt{3x}-2 & 10\leqslant x\leqslant 20 \\ x^2+3x+2 & x<10 \end{cases}$$

说明：x 为整型数，输出保留两位小数。

【输入/输出示例】

```
3 ↙
20.00
```

6. 从键盘上输入一个百分制成绩 score($0\sim100$)，按下列原则输出其等级：$85\leqslant score\leqslant 100$，输出"优秀"；$70\leqslant score<85$，输出"良好"；$60\leqslant score<70$，输出"及格"；$score<60$，输出"不及格"。输入的成绩若不在 $0\sim100$ 范围内，则输出"成绩超出了范围"。

【输入/输出示例】

90 ↙
优秀

7. 在直角坐标系中有一个以(1,1)为中心的单位圆,输入一个点的坐标(x,y),判断该点是在单位圆内、单位圆上或单位圆外,x、y 为 float 类型。

【输入/输出示例】

① 　1,1.5 ↙
　　单位圆内
② 　5,6 ↙
　　单位圆外

8. 编写简单的计算器程序,根据输入的整数及运算符,对两个整数进行加、减、乘、除运算。若输入的运算符有误,则输出"Invalid operator!"。

【输入/输出示例】

2 + 5 ↙
2 + 5 = 7

练习 3　循环结构程序设计

1. 判断一个正整数是否是素数。若是素数,输出 Yes,否则输出 No。

【输入/输出示例】

131 ↙
Yes

2. 输出 100～999 之间的所有水仙花数,即各位数字的立方和恰好等于该数本身的数。

【输入/输出示例】

153　370　371　407

3. 求两个正整数 m 和 n 的最大公约数和最小公倍数。

【输入/输出示例】

77,112 ↙
gcd = 7, lcm = 1232

4. 输入一个正整数 $n(n \leqslant 200)$,计算序列 $1 \times 2 + 2 \times 3 + 3 \times 4 + \cdots + n \times (n+1)$ 的和。

【输入/输出示例】

5 ↙
70

5. 计算下列级数的和,x 和 n 的值由键盘输入,输出结果保留 5 位小数。

$$s = 1 + x + x^2/2! + x^3/3! + \cdots + x^n/n!$$

【输入/输出示例】

1.0 12 ↙
2.71828

6. 从键盘输入一个大于 0 的整型数据(int 型),编写程序判断该整数共有几位。

【输入/输出示例】

32766 ↙
5

练习 4 数　　组

1. 输入 10 个整数,求和。

【输入/输出示例】

0 1 2 3 4 5 6 7 8 9 ↙
sum = 45

2. 输入一串字符,统计字符个数(不用 strlen 函数)。

【输入/输出示例】

as4 * ♯F ↙
6

3. 输入 10 个整数,按降序排序。

【输入/输出示例】

4 5 9 0 3 1 2 6 8 7 ↙
9 8 7 6 5 4 3 2 1 0

4. 输入一个字符串到字符数组 s1 中,将 s1 中的字符串复制到字符数组 s2 中并输出 s2 中的字符串。不用 strcpy 函数。复制时,'\0'也要复制过去。

【输入/输出示例】

abc123 ↙
abc123

5. 以下是杨辉三角形。输入一个整数 $n(n \leqslant 10)$,计算杨辉三角形前 n 行数据之和。

```
          1
          1   1
          1   2   1
          1   3   3   1
          1   4   6   4   1
          1   5   10  10  5   1
                  ...
```

【输入/输出示例】

3↙
7

6. 编写程序,输入一个字符串,将其中的英文字母放入 a 数组。例如,输入的字符串为"a2b ** D",那么形成的 a 数组应为"abD"。

【输入/输出示例】

a2b ** D↙
abD

7. 从键盘输入 10 个整数成绩,输出低于平均分的成绩。

【输入/输出示例】

63 72 56 98 66 83 68 40 95 78↙
63 56 66 68 40

8. 输入 5×5 整型数组各元素的值,分别找出主对角线及次对角线上的最大元素。

【输入/输出示例】

1 2 3 4 5↙
2 4 6 9 0↙
3 6 0 2 7↙
4 8 2 6 6↙
5 1 5 3 2↙
max1 = 6   max2 = 9

练习5 函 数

1. 编写一个函数,其功能是找出三个整数中的最大数。数据的输入/输出在主函数中完成。

【输入/输出示例】

4 9 23↙
23

2. 编写一个函数,其功能是将一维整型数组中各元素值增加 2。在主函数中输入 6 个整数并输出调用函数后数组元素的新值。

【输入/输出示例】

1 2 3 4 5 6↙
3 4 5 6 7 8

3. 编写一个函数,其功能是找出一维数组中最大元素所在位置(下标),假设数组中无相同元素。在主函数中输入 10 个整数,调用函数得到结果并输出。

【输入/输出示例】

2 1 9 3 0 4 5 8 6 7↙
2

4. 编写函数,其功能是判断一个整型数是否为素数,若是素数,函数返回 1,否则返回 0。数据的输入/输出在主函数中完成,若是素数,输出 yes,否则输出 no。

【输入/输出示例】

13 ↙
yes

5. 编写函数,其功能是统计一个字符串中英文字母(包括大小写)的个数。要求在主函数中输入字符串并输出统计结果。

【输入/输出示例】

we53 ♯Df + 6 ↙
letters = 4

6. 编程计算 $1+(1+2)+(1+2+3)+\cdots+(1+2+3+\cdots+n)$ 的前 n 项的和。要求每一项的计算由函数完成,函数中用 static 定义局部变量来完成计算。在主函数中输入 n 的值,输出计算结果。

【输入/输出示例】

3 ↙
10

7. 编写函数,其功能是从字符串中查找指定的字符并且将其删除,若未找到则不删除。在主函数中输入字符串及指定字符,调用函数完成相应功能后在主函数中输出结果。

【输入/输出示例】

I am a student. I am learning program C. ↙
I ↙
str = am a student. am learning program C.

8. 编写函数,计算 $1/1!+1/2!+1/3!+\cdots+1/n!$。在主函数中输入 n 的值,调用函数完成计算并输出计算结果。结果保留两位小数。

【输入/输出示例】

3 ↙
1.67

练习 6　指　　针

1. 输入 a、b 两个整数,用指针实现按先大后小的顺序输出。
【输入/输出示例】

100　500 ↙
500 100

2. 从键盘输入 5 个学生的成绩,求他们的平均成绩。
【输入/输出示例】

100 90 60 70 80 ↙

aver = 80.00

3. 从键盘输入一个字符串,求该字符串的长度。

【输入/输出示例】

Student ↙
strlen = 7

4. 判断输入的字符串是否是"回文"(顺序读和倒序读都一样的字符串称为"回文")。

【输入/输出示例】

① level ↙
 yes
② where ↙
 no

5. 统计二维数组 a[3][4]中非零元素的个数。

【输入/输出示例】

1 0 2 3 ↙
2 3 0 4 ↙
0 1 0 2 ↙
nonezero = 8

6. 在含有 10 个元素的 a 数组中查找与从键盘输入的 x 相同的元素在数组中的下标。

【输入/输出示例】

11 23 45 31 65 78 82 14 55 91 ↙
31 ↙
position of 31 is 3

7. 从键盘输入两个字符串(使用数组存储,串长度不超过 19 个字符,允许出现空格字符),要求不用库函数 strcat,把第二个字符串连接到第一个字符串后。

【输入/输出示例】

12 3 ↙
abc ↙
12 3abc

练习 7 指针与函数

1. 输入年份和天数,编写函数,输出对应的年、月、日。

【输入/输出示例】

2015 72 ↙
2015 – 3 – 13

2. 输入 n 个数,编写函数实现按降序排序。

【输入/输出示例】

5 ↙

56 78 90 80 77 ↙
Sort:90 80 78 77 56

3. 有 3 个学生,每个学生有 4 门课,编写函数求每个学生的平均分。

【输入/输出示例】

90 80 70 60 ↙
80 70 60 70 ↙
85 75 95 65 ↙
Aver:75 70 80

4. 编写函数实现将字符串逆序排列。

【输入/输出示例】

top ↙
pot

5. 编写函数,统计某字符串中某指定字符的出现次数。

【输入/输出示例】

top ten ↙
t ↙
2

6. 统计子串 sub 在母串中出现的次数。

【输入/输出示例】

abcabsdefabc ↙
abc ↙
2

练习 8 构造数据类型

1. 完成基于结构体数组的学生成绩处理程序。定义学生结构体数组 stu[3],实现以下函数功能,在 main 函数中调用。

(1) input 函数的功能是:从键盘输入 3 名学生的信息(包括学号、姓名和 3 门课的成绩)。

(2) average 函数的功能是:计算每名学生平均成绩。

(3) output 函数的功能是:输出 3 名学生的全部信息。

【输入/输出示例】

1001 ZhangPing 89 78 91 ↙
1002 LiMing 65 58 63 ↙
1003 WangXu 77 83 80 ↙
1001,ZhangPing,89,78,91,86.00
1002,LiMing,65,58,63,62.00
1003,WangXu,77,83,80,80.00

2. 完成基于链表的 3 名学生（3 个结点）的成绩处理程序。实现以下函数功能，在 main 函数中调用。

（1）create 函数的功能是：建立一个链表，每个结点包括学号、姓名、3 门课成绩。

（2）output 函数的功能是：输出一个链表中学生全部信息，每个结点包括学号、姓名、3 门课成绩。

【输入/输出示例】

```
1001 ZhangPing 89 78 91↙
1002 LiMing 65 58 63↙
1003 WangXu 77 83 80↙
1001,ZhangPing,89,78,91
1002,LiMing,65,58,63
1003,WangXu,77,83,80
```

3. 声明一个表示日期的结构体类型（包括年、月、日），计算给定日期是该年的第几天（注意闰年问题）。

【输入/输出示例】

```
2023 5 31↙
sumday = 151
```

4. 结构体数组存放从键盘输入的 3 本书库存信息，包括书名、作者、出版年月、库存量，按照库存量降序排序并输出排序后的 3 本书信息。

【输入/输出示例】

```
C LI 2010 3 50↙
Java WANG 2013 7 9↙
CAD TIAN 2013 10 60↙
CAD      TIAN     2013.10    60
C        LI       2010.03    50
Java     WANG     2013.07    9
```

5. 编写程序实现 3 个城市电话区号的查询，即输入城市名称，输出对应的电话区号。若输入的城市名称查询不到，则添加该城市电话区号信息，输出添加后的全部城市电话区号信息。用单链表实现。

【输入/输出示例】

```
① Please input the city that you want to find:
   tianjin↙
   tianjin,022
② Please input the city that you want to find:
   xian↙
   not found it.
   Please input the city code
   029↙
   (beijing,010)-->(shanghai,021)-->(tianjin,022)-->(xian,029)-->NULL
```

练习 9 文 件

1. 从键盘输入一串字符"Hello World!",保存到文件 f1. txt 中,再将 f1. txt 文件中的内容读出,显示到屏幕。

2. 将 source. txt 文本文件中的内容复制到 dest. txt 文本文件中,再将 dest. txt 文件中的内容读出,显示到屏幕。

3. num. txt 文件中存放了一组整数。统计并在屏幕输出文件中正整数、零、负整数的个数。假设 num. txt 的内容为"10 −200 9 0 −55 −678",则输出:

positive = 2, negative = 3, zero = 1

4. 将自然数 1～10 及其平方根写到 file1. txt 文本文件中,然后再顺序读出,显示在屏幕上。

5. 从键盘输入 3 个学生的信息,包括姓名、学号和成绩。将信息保存到二进制文件 student. dat 中,然后从文件中读取出来,将这些信息显示在屏幕上。

参 考 文 献

[1] 武雅丽,王永玲,解亚利,等. C 语言程序设计习题与上机实验指导[M]. 2 版. 北京:清华大学出版社,2009.
[2] 颜晖,柳俊,等. C 语言程序设计实验与习题指导[M]. 2 版. 北京:高等教育出版社,2012.
[3] 苏小红,王甜甜,车万翔. C 语言程序设计学习指导[M]. 3 版. 北京:高等教育出版社,2015.
[4] 何钦铭,乔林,徐镜春,等. C 语言程序设计经典实验案例集[M]. 北京:高等教育出版社,2012.
[5] 童键,刘卫国. 计算机程序设计实践教程——C 语言[M]. 北京:清华大学出版社,2014.